에너지의 불편한 미래
: 문명의 혈관 전기

라스 쉐르니카우, 윌리엄 헤이든 스미스 지음
허증수 옮김

어문학사

헌정

이 책을 전 세계의 모든 에너지 산업 및 에너지 전문가에게 바칩니다. 에너지 산업의 헌신적인 직원과 가족들은 현대 생활의 핵심 구성 요소인 '에너지'를 지금 이 순간에도 우리에게 제공하고 있습니다. 그들이 제공하는 에너지가 없다면, 우리의 인생은 더 짧아질 것이고 우리의 존재는 더 빈곤해지고 건강하지 못하게 될 것이며, 인류의 이타적 발전에 이바지할 시간이 줄어들 것입니다.

감사의 말

저자 - 이 책은 2022년 6월 캐나다의 과학 교육 센터에서 출판하는 『경영과 지속 가능성 저널』(정기 간행물 12권, 1호지)에 라스 쉐르니카우 박사, 윌리엄 헤이든 스미스 교수와 로스메리 팰컨 교수들이 공저자로 발표한 '전체 전기 요금 및 전기 에너지 투자 수익'의 과학 논문을 기반으로 저술되었습니다. 또한 브루스 에버레트 박사, 킴 한센, 하워드 "코크" 헤이든 교수, 토드 "아이크" 케이퍼 단장, 세바스찬 루이닝 박사, 윌리스 맨하이머 박사, 마크 밀스, 바클라브 스밀 교수, 클라우스 태그더 박사, 홀거 왓터 교수, 보도 월프 박사 등의 영향력 있는 업적과 기여에 대해서 감사드립니다.

역자 - 이 책의 한국판 번역을 소개해 주신 이화여대 박석순 교수님의 헌신적인 도움에 감사를 드립니다. 또한 도서출판 어문학사 조은별 편집인의 신실한 교정과 편집에 감사를 드립니다.

브루스 에버레트 박사의 서문

인류는 지난 50년 동안 화석 연료(석유, 천연가스, 석탄)의 퇴출 문제에 관한 해결법을 찾고 있다. 1960년대에는 도시의 대기 오염이 걱정거리였다. 1970년대와 1980년대, 에너지 정책의 주요 현안은 수입산 석유로 인한 국가 안보 위협이었다. 1990년대와 2000년대 초반 '석유 피크' 활동이 절정에 달할 때에는 제한된 자원의 고갈이 우려 사항이었다. 오늘날에는 '치명적인' 기후 변화를 이유로 화석 연료의 지속적인 철폐가 요구되고 있다.

이러한 끊임없는 불안, 수많은 정책 이니셔티브 및 대안에 대한 수조 달러의 지출에도 불구하고 화석 연료는 여전히 전 세계적으로 주요한 에너지원으로 남아 있으며, 그 사용은 절대적인 의미에서 계속해서 증가하고 있다. 이 모순처럼 보이는 현상을 이해하기 위해 라스 쉐르니카우 박사와 윌리엄 헤이든 스미스 교수는 대중 매체에 제시된 방식과 달리, 글로벌 에너지 경제가 실질적으로 어떻게 작동하는지에 대한 내용을 새롭게 작성했다.

이 책은 에너지를 이해하는 데 중요한 세 가지 원칙을 기반으로 한다. 첫 번째 원칙은 모든 정책 분석의 초석으로서 인간 복지에 초점을 맞추는 것이다. 에너지는 현대 경제의 생명선이다. 20세기와 21세기 초에 이루어진 위대한 역사적 성취 중 하나는 개발도상국의 빈곤 감소와 선진국의 생활 수준 향상이다. 화석 연료와 원자력 에너지는 이 성과에 중요한 역할을 했다. 전 세계적으로 빈곤 퇴치와 일반 생활 수준 향상을 지속하려면, 화석 연료 사용을 줄이겠다는 근시안적인 결정을 내릴 게 아니라 인간 복지에 대한 에너지 논쟁을 중심 화두로 삼아야 한다.

두 번째 원칙은 에너지 선택이 열역학, 화학, 지리학, 기상학 및 경제학의 법칙에 의해 제한된다는 인식이다. 이러한 제약을 무시하면 막대한 양의 희소 자본 낭비, 선진국의 생활 수준 저하, 개발도상국의 빈곤 감소 과정에 대한 위협, 원하지 않는 환경적 영향으로 이어질 수 있다. 반면에 이러한 실질적인 제약을 이해한다면 세계 에너지 경제가 지금까지 발전한 이유를 설명하는 데 도움이 될 것이다.

전기는 세계 에너지 경제에서 중추적이고 지속적으로 성장하는 요소지만, 특히 복잡한 문제를 갖고 있다. 예를 들어 휘발유는 저장하기 쉽고 정제소, 터미널, 주유소 및 자동차 연료 탱크에 충분한 재고가 보관되어 있다. 반면에 전기는 저장하기 어렵고 비용이 많이 들기 때문에, 전력 회사는 시간 단위뿐만 아니라 초 단위로 정확히 필요한 양의 전기를 생산해야 한다.

태양광과 풍력이 공짜 에너지를 '무제한'으로 제공하며, 우리에게 정치적인 의지만 있다면 이를 얼마든지 활용할 수 있다는 것은 이제 널리 알려진 이야기 중 하나다. 그러나 현재 알려진 기술을 통해 얻을 수 있는 풍력과 태양 에너지는 열역학 법칙에 의해 제한받는다. 즉, 현재 수준의 기술로서는 소비자가 필요할 때 풍력과 태양 에너지를 능동적으로 채취하는 것이 불가능하며, 오로지 자연이 스스로 그것을 제공할 때에만 전기를 얻을 수 있다. 반면 기존의 발전소는 필요에 따라 전력을 생산할 수 있다. 저장 능력의 부족으로 인해 화석 연료와 원자력 에너지의 실질적인 구성 요소 없이 전력 그리드를 관리하는 것이 불가능하다. 게다가 '공짜'인 풍력 및 태양 에너지를 사용 가능한 전기로 변환하기 위한 장비는 매우 비싸다.

세 번째 원칙은 에너지 옵션을 평가하려면 처음부터 끝까지 전체 공급망을 검토해야 한다는 것이다. 예를 들어 자동차 회사는 전기 자동차가 '온실가스 배출 제로'라고 말하는 것을 좋아한다. 그러나 이는 차량 배터리에 충전하는 전기를 생성하는 데 필요한 에너지, 노동력, 재료 및 물류를 무시하는 것이다. 또한 대용량 배터리가 장착된 전기 자동차 자체를 만드는 것부터 조립하고 최종적으로 폐기하는 데까지 필요한 에너지, 노동력, 재료 및 물류를 간과한다. 전체 '전 수명 주기'를 고려할 때 에너지 선택은 가끔 전혀 다르게 보인다.

세 가지 원칙을 분명히 하면서 라스 쉐르나카우 박사와 윌리엄 스미스 교수는 당파적 입장을 취하는 것을 조심스럽게 피했으며 정치적 전망에 관계없이 모든 사람에게 중요하고 유용한 정보를 제공하고 있다. 그 결과 그들은 에너지 정책, 전기 시장 및 환경 보호에 관심이 있는 모든 사람의 책장에 있어야 할 귀중한 참고 자료를 제공하고자 한다.

라스 쉐르니카우 박사의 서문

에너지는 모든 것을 포괄하는 개념이며 우리 주변에 있는 모든 것의 기초이다. 이것이 분명하고 간단한 사실임에도 불구하고, 내가 이를 진정으로 체화하는 데에는 몇십 년이 걸렸다. 나는 눈을 뜨던 그날부터 에너지 및 원재료와 함께 자랐고, 20년 전부터 상품 거래자가 되어 원재료 및 에너지와 함께 일했다. 그동안, 전 세계 석탄 시장에서 경력의 대부분을 지냈다. 그러나 전문적으로는 철광석, 리튬 광석, 구리 광석, 크롬 광석 등과 같은 광석 제품들을 주로 다루었다.

이는 내가 전기 에너지와 가변성 재생 에너지에 대한 비판적인 글을 쓸 때 자칫 편향성을 가질 수 있다는 것을 의미한다. 그러나 화석 연료 사업은 에너지 부족이 만연할 때 번성할 것이라는 점을 고려해야 한다. 에너지가 부족한 시기에는 항상 원자재 및 전력 가격이 높게 수반되어 에너지를 생산하거나 거래하고 전기를 생산하는 모든 사람에게 추가 이익이 발생하기 때문이다. 이것은 2021년과 2022년에 대규모 석유, 가스 및 석탄 회사가 벌어들인 기록적인 수익에서 볼 수 있다. 내가 개인의 경제적 관점에서는 조용히 침묵을 지키고 있는 것이 옳을 수도 있다. 그러나 이 책은 에너지 생산을 최적화하기 위해 우리가 할 수 있는 일이 무엇인지, 세상에 무엇이 옳은지에 대해 고민하며 쓴 책이다.

에너지에 대한 안정적이고 경제적인 접근은 결코 정치적이어서는 안 된다. 유감스럽게도, 정치적 스펙트럼의 양쪽에서도 에너지가 정치적 목적을 위해 남용되어 왔다. 좋은 에너지 믹스를 유지하고, 의존성을 줄이고, 경제성과 신뢰성을 보장하고, 환경 발자국을 제한하는 것은 물론 모든 정부의 관심사이다. 불행히도 역사는 정반대의 사례로 가득 차 있다. 2022년 우크라이나 분쟁은 에너지와 정치가 얼마나 얽혀 있는지 보여준다. 에너지 부족은 2021년에 시작되었으므로 푸틴이 직접적인 원인은 아니지만, 그로 인해 상황이 악화되고 전 세계가 에너지 기아로 가는 과정이 가속화되었다는 점을 기억해야 한다.

장기적으로 에너지 문제에 대한 해결책을 찾아야 한다. 나는 우리 땅에 수백 년 분량의 화석 연료가 남아 있다는 것을 배웠다. 그러나 우리가 화석 연료를 영원히 채굴할 수 없다는 사실은 아주 명백하다. 그것들이 충분하지 않을 뿐만 아니라 미래에는 훨씬 더 많은 에너지가 필요하기 때문이다. 석유, 석탄 및 가스는 앞으로 수세기 내에 자연, 인간 및 과학적 진화와 발전을 위해 필요한 에너지양을 충당할 수 없게 되거나, 비효율적인 에너지원으로 여겨지게 될 것이다. 그래서 석탄, 석유 및 가스를 넘어 전기와 에너지에 대해 더 많이 배우는 데 관심을 갖게 된 것이다. 우리는 에너지의 미래가 무엇이고 무엇이 될 수 없는지 이해하려고 노력한다. 우리는 매일 계속해서 배우고 있으며, 혹시 여러분이 이해하기에 부정확한 언어나 표현을 사용할지도 모른다는 부분에서 미리 양해를 구한다.

인류는 지난 100만 년 동안 발전한 것보다 제2차 세계대전 이후 더 많은 과학 지식을 축적했다. 초기 홀로세 시기 동안 급격한 온도 상승으로 가능해진 농업 혁명을 통해 유럽에서 근대 문명을 형성하는 데 10,000년이 걸렸다(그림 1). 증기 기관이 현대 산업의 발전을 촉진하는 데는 단지 1세기면 충분했다. 20세기 중반에 발견된 원자력은 인간 한 명이 사용할 수 있는 힘을 100만 배로 증가시켰다.

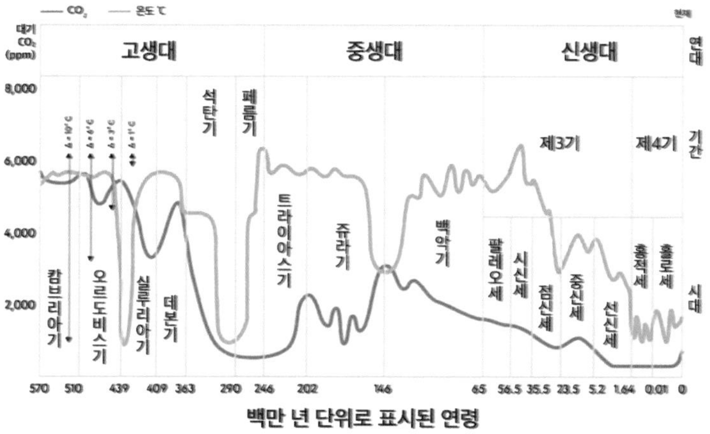

그림 1: 6억 년에 걸친 지구 기후 변화의 역사

참고: 최근 6억 년 동안의 지구의 글로벌 온도와 대기 중 이산화탄소 농도 그래프로서, 지구의 최근 시대, 기간 및 특정 시대를 자세히 설명한다.

참고: 홀로세 시기는 약 13,000년 전에 시작되었으며, 현재의 간냉기 기간으로 알려져 있다. 이는 약 2백만 년 전에 시작된 홍적세 후기의 빙하기 시대의 일부이다.

과학 발전은 우리를 카르다셰프의 1단계 문명으로 인도할 것이다. 인간이 지구에서 사용할 수 있는 모든 에너지를 활용하여 소비를 위해 저장할 수 있는 단계이다(맥파던 2019). 미치오 카쿠는 이것이 100~200년 정도밖에 남지 않았다고 생각한다. 이는 주로 원자재에서 전력을 얻는 하위 글로벌 문명으로서 오늘날 세계인 0단계 문명과 대조된다.

인류의 발전은 과학적 진보에만 국한되지 않고 물질과 정신 사이의 활동적인 연결을 더 잘 이해할 수 있는 영적 진보도 포함할 것이다. 따라서 이 책의 마지막 장에서 논의하는 바와 같이, '에너지 문제'는 신에너지 혁명을 통해 1세기~2세기 내에 해결될 것이라는 주장이 있다.

자연은 우리가 흔히 잊고 있는 방식으로 진화해 왔다. 공룡은 불과 2억 년 전에 멸종했다(지구의 역사를 24시간으로 축약한다면, 공룡은 약 20분 전까지도 살아있었던 셈이다). 꽃이 없는 세상을 상상해 보자. 그게 가능했을까? 그렇다. 1억 2천만 년 전, 즉 최초의 꽃이 등장한 바로 그 시기에 가능했다. 그 이전 수억 년 동안 생명체는 꽃을 필요로 하지 않았다. 꽃은 아름다움을 제공하는 것 외에는 다른 목적이 없었던 것 같다. 실제로는 그럴 필요가 없었지만, 자연은 생물 증식을 위해 꽃을 활용하기 시작했다.

꽃은 수정, 보석, 새와 함께 인류의 영혼에 특별한 의미를 지니고 있다. 자연은 또 어떤 것을 우리에게 선사할까? 미래 인류의 발전에는 세상이 어떻게 연결되어 있는지에 대한 보다 나은 이해가 포함될 것이 분명하다. 우리는 우리의 마음을 더 잘 이해하고 새롭게 발견한 힘을 사용하여 치유하고 상상할 수 없는 행복을 경험하는 방법을 배우게 될 것이다. 세계에서 가장 유명한 신경과학자들은 우리에게 명상과 영성을 받아들일 것을 권장한다. 명상은 우리 뇌의 일부를 활성화하여 우리가 아직 꿈도 꾸지 못했던 지식과 연결히고 치유하는 데 도움이 되는 것으로 입증되었다.

왜 이런 이야기를 할까? 진화와 발전이 얼마나 방대하고 빠르며 놀라운지, 우리가 미래에 대해 아는 것이 얼마나 적은지 알리기 위해서이다. 에너지의 미래는 우리가 아직 알지 못하는 모든 지식에 접근하는 인간의 정신에 의해 발전할 것이다. 나는 아직 알지 못하는 것들에 대해 더 배우기 시작하고, 우리가 한정되지 않고 보편적인 사고로 세상에 진정으로 긍정적인 변화를 이끌어낼 수 있는 방법을 찾아보는 것이 나의 관심사이다.

나는 물리적 한계를 실현하면서도 가능하면 개방적으로 접근함으로써 배제가 아닌 포용을 통해 미래를 긍정적으로 보려고 노력하고 있다. 이 책을 이용하여 에너지가 어떻게 작동하고 어떻게 작동하지 않는지 더 잘 이해하는 데 도움이 되기를 진심으로 바란다.

이 책에 대한 여러분의 피드백을 기다린다.

목차

브루스 에버렛의 서문 · 4

라스 쉐르니카우의 서문 · 7

핵심 용어 및 해설 · 14

제1장
전기 에너지와 그 경제적 의미 – 현재 상황 · 20

제2장
가변성 '재생' 에너지 및 저장 · 32

2.1. 태양광과 풍력 – 설비 용량과 생성된 전력 사이의 불일치 · 33
2.2. 자연 용량 계수 · 39
2.3. 송전, 배전, 전력 조절 및 블랙 스타트 · 49
2.4. 에너지 저장 · 58
2.5. 수소와 탄화수소와의 비교 · 69
2.6. 재료 투입과 내재 에너지 · 80
2.7. 1차 에너지 및 열 펌프 · 92

제3장
전기 가격과 에너지 투자 수익률 · 106

3.1. 실제적인 전체 전기 비용 - FCOE · 111
3.2. 에너지 투자 대비 에너지 수익률 - eROI · 124
3.3. 열역학 제2법칙이 에너지 시스템에 미치는 영향 · 133

제4장
에너지와 '탈탄소화'의 미래 예측 · 140

4.1. 2050년까지 1차 에너지(PE) 성장 · 143
4.2. 에너지 부족과 가격 및 경제 활동에 미치는 영향 · 148
4.3. 탈탄소화 및 '넷-제로' · 158

제5장
현실적인 에너지의 미래와 지속 가능성 · 172

요약 및 부록 · 182
참고 문헌 및 그림 목록 · 196

핵심 용어 및 해설

핵심 용어

에너지 정책, 전기, 화석 연료, 천연가스, 석탄, 원자력, 바람, 태양, 재생 가능, 에너지, 용량 계수, 전기 비용, 에너지 투자 회수율, 에너지 변환, 에너지 효율, 청정 석탄 기술, 초임계, 탄소 포집 활용 및 저장

용어 해설

에너지(와트시 또는 Wh 단위, 독일어 'Arbeit oder Energie')

전력(와트 또는 W 단위, 독일어 'Leistung')

- 에너지는 일을 할 수 있는 능력이다. 전력은 단위 시간당 확장된 에너지이다. 에너지는 한 형태에서 다른 형태로 변환될 수 있다.
- 배터리의 에너지 저장 용량(예: MWh)과 출력 전력(예: MW)을 모두 알고 있으면 이 숫자를 나누어 배터리의 지속 시간을 구할 수 있다.
- 에너지는 Tesla 배터리(즉, 100kWh)에 저장된다. 자동차를 움직이

려면 전력(kW), 즉 에너지 소비가 필요하다. 에너지가 소비되는 속도에 따라 자동차가 얼마나 빨리 가속할 수 있는지 알 수 있다. 에너지(kWh)로 '충전'된 배터리는 자동차를 움직이는 데 필요한 전력(kW, '마력')에 따라 시간이 지날수록 소모되며, 이는 다시 운전 방식과 주변 조건에 따라 달라진다.

용량 계수 'CF'(독일어로 '누중스그라드')는 특정 장소에 설치된 용량에서 달성되는 전력 출력의 자연 유래 비율로, 일반적으로 연간 단위로 명시된다. 자연 용량 계수는 기술이나 활용도에 의존하지 않고 일조 시간, 바람 시간 또는 강의 수위와 같은 자연 조건에 의해서만 결정된다.

- 자연 용량 계수는 설치 장소별로 다르며 기술로 변경할 수 없다. 따라서 여기서 용량 계수는 기술이나 운영(또는 '사용률')이 아닌 자연 조건에 의해서만 결정된다. 다른 말로 표현하면, 설비 기술이 고장 나거나 발전소가 의도적으로 꺼지면 사용률은 감소하지만 자연에 의한 용량 계수는 감소하지 않는다.
- 용량 계수는 일반적인 변환 효율 계수와 다르다. 비교를 위해 변환 효율은 입력 에너지가 사용 가능 에너지 또는 출력 에너지로 변환된 비율(%)을 측정한다.
- 독일에서 태양광 발전('PV')은 연평균 10~11%의 자연 발전 용량 계수를 달성하는 반면, 캘리포니아는 연평균 25%의 용량 계수에 도달한다(쉐르니카우와 스미스 2021). 따라서 캘리포니아는 독일의 동일한 태양광 발전소 생산량의 거의 2.5배에 달하는 전력을 생산한다.
- 수요가 항상 공급과 같아야 하는 전력 시스템을 매초마다 안정적으로 유지하려면, 연평균 용량 계수와 월별 또는 주별, 일별 또는 순간 자연 용량 계수를 구분하는 것이 중요하다.

전기와 다른 에너지 용도: 1차 에너지는 전기(전력이라고도 함)를 생산하고 교통 수요, 주택 난방 및 다양한 산업적 목적을 위해 사용된다. 이 책은 전기 또는 '전력' 시장에 초점을 맞춘다. 혼동을 피하기 위해 '전력' 대신 '전기'를 사용하겠다. 동력이 사용되는 곳에서는 전력과 전기를 동일하게 사용한다.

에너지 보존 - 열역학 제1법칙에 따르면 에너지는 무에서 유를 창조할 수 없고, 유에서 무로 잃을 수 없으며, 한 형태에서 다른 형태로 변환될 수 있을 뿐이다. 에너지의 형태에는 열, 기계, 전기, 화학, 원자력, 복사 에너지 등이 있다.

에너지 엔트로피 - 열역학 제2법칙은 일을 수행할 수 있는 유용한 에너지(낮은 엔트로피)와 일을 쉽게 수행할 수 없는 덜 유용한 에너지(높은 엔트로피)를 구분한다. 일을 하기 위해 에너지를 사용하면 에너지의 질이 떨어진다. 예를 들어, 저항 히터에 전기를 통과시키면 전기가 복사열, 즉 따뜻한 공기로 '열화'된다.

- 엔트로피는 에너지 시스템 내의 무작위성 또는 무질서를 측정하는 척도로, 무질서가 클수록 엔트로피의 값이 커진다.
- 에너지가 한 형태에서 다른 형태로 변환될 때마다 쓸모없게 되거나 낭비되는 에너지(엔트로피/무질서 증가)가 항상 존재한다.
- 예를 들어 소비자에게 전달하기 위해 태양광을 배터리에 저장되는 전기 화학 에너지로 변환할 경우 모든 변환 과정에서 에너지 손실이 발생하므로, 실제 배터리에 저장되는 에너지는 원래의 태양 에너지의 1% 미만이다. 이렇게 저장된 전기 화학 에너지는 전기 모터를 돌리는 전기로 변환되어 자동차의 바퀴를 돌려 도로를 주행한다. 갤런당 전기차 주행 가능 거리는 태양광이 '무료'이기 때문에 마지막 두 단계를 제외한 모든 에너지 변환 단계를 무시한다. 그러나 수집, 전송 및 변환 시스템은 무료가 아니

며 열역학 제2법칙을 따른다. 따라서 에너지 과정이 복잡할수록 더 많은 유용한 에너지가 손실된다.

- 플랑크가 말했듯이, "자연에서 일어나는 모든 과정은 항상 그 과정에 참여하는 모든 물체의 엔트로피의 합을 증가시키며, 가역적 과정의 경우 한계에 도달하면 그 합은 변하지 않는다." 따라서 열역학 제2법칙은 영구 운동 기계가 불가능한 이유를 설명한다.

AC - 교류

CCUS - 탄소 포집 활용 및 저장

CSP - 집광형 태양열 발전

DC - 직류

eROI - 에너지 투자 수익률 또는 에너지 수익률

EV - 전기 자동차

HELE - 고효율, 저배출

IEA - 국제에너지기구

FCOE - 전체 전기 비용

LCOE - 균등 발전 비용

LDES - 장기 에너지 저장

MIPS - 서비스 단위당 재료 투입량

PE - 1차 에너지(PES = 1차 에너지 공급)

PV - 태양광

PtHtP - 용융 소금과 같은 전력-열-전력 저장 기술

제1장

전기 에너지와 그 경제적 의미 – 현재 상황

제1장

전기 에너지와 그 경제적 의미 - 현재 상황

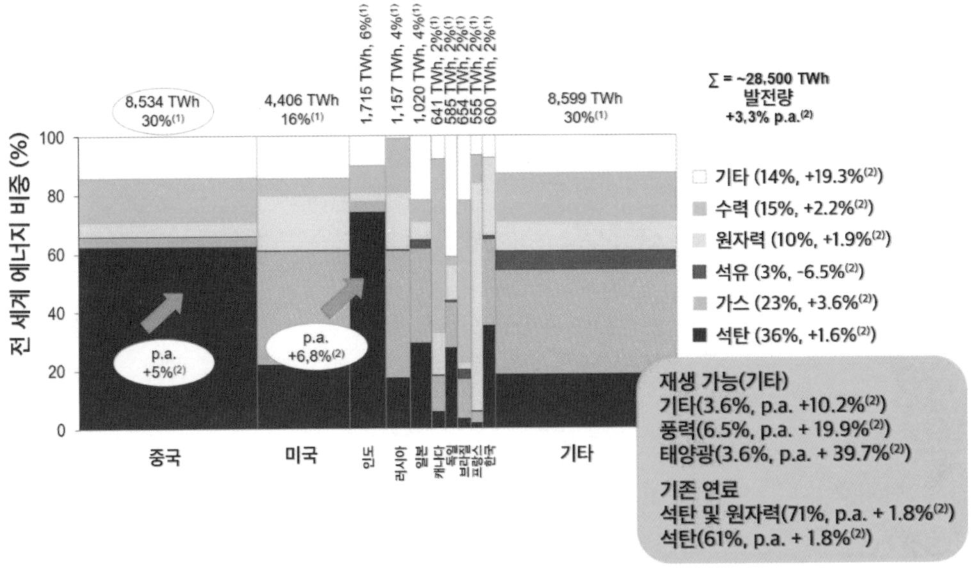

그림 2: 상위 10개국의 전기 발전 현황

참고: (1) 각 나라의 전기 생산 비율 (2) CAGR - 2012~2019년의 연 평균 성장률

화석 연료: 중요도대로 나열하자면 석유, 석탄 및 천연가스 순으로, 전 세계 1차 에너지 생산의 약 80%를 차지한다. 발전량은 약 170,000TWh이며 이는 약 600EJ에 해당한다. 지난 몇 년 동안 코로

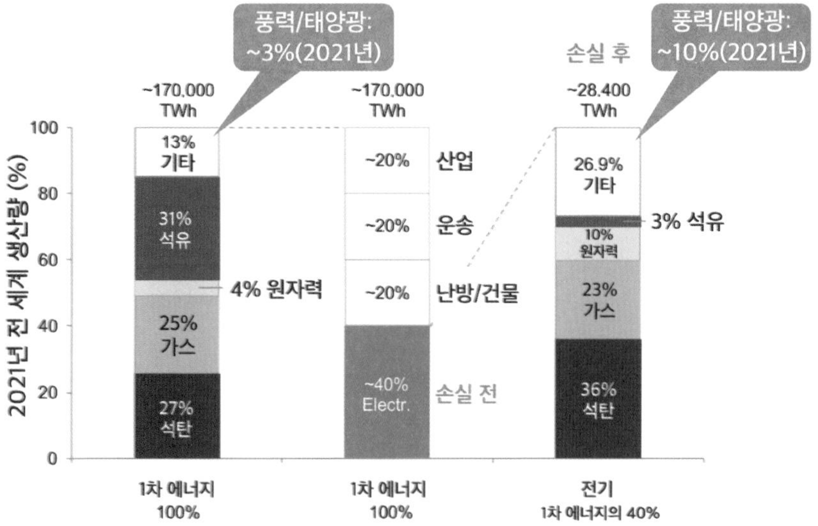

그림 3: 글로벌 1차 에너지 및 전기 에너지의 비교

(1) 산업/운송/건물 부분은 전기에 포함되지 않음
(2) 세계적인 순 에너지 효율은 원자력 에너지의 경우 약 33%, 석탄 에너지의 경우 37%, 가스 에너지의 경우 약 42%로 가정함. 에너지 효율을 평균 약 40%로 가정하면 28,400TWh의 생산 에너지는 약 71,000TWh가 되고 이는 170,000TWh의 대략 40%가 된다.[1]

나-19, 국제 관계의 지정학적 불안, 그리고 대형 규모의 풍력 및 태양 에너지 설비 추가 건설에도 불구하고, 2022년까지도 이러한 화석 연료의 비율이 변경되지 않고 유지될 것으로 추정된다. 오히려 석탄이 회복세를 보이고 있다(국제에너지기구 2022 보고서). 석탄과 가스는 2021년에 전 세계 총 전력 생산의 약 60%에 해당하는 약 28,400TWh를 발전

1 출처: BP 2022, 국제에너지기구 2021 통계에 기반한 쉐르니카우의 연구와 분석

했다. 중국, 미국 및 인도라는 단 세 개 국가의 사용량만 합산해도 전 세계 전력 소비의 약 50%에 달한다(그림 2). 전 세계 전력 생산은 1차 에너지의 약 40%를 소비하고, 나머지 약 60%는 교통, 건물 난방 및 산업에서 사용된다(그림 3 및 그림 35).

2050년까지 약 50%의 인구 증가와 1인당 약 20%의 평균 에너지 수요 증가가 예측됨에 따라, 실질적인 1차 에너지 생산은 늘어나고 있다. 이는 국제재생에너지기구, 맥킨지컨설팅 및 국제에너지기구 등의 '탄소 중립' 경로와 대조적이다. 이들은 에너지 성장을 훨씬 적게 가정해서, 1차 에너지의 현상 유지나 심지어 약 10%의 감소를 전제로 한다. 맥킨지 2022 보고서에 의하면, 2035년까지 14%의 에너지 소비 증가를 가정하고, 이후에는 2050년까지 1차 에너지 소비가 일정하다고 가정한다. 국제에너지기구의 넷-제로 2021 보고서는, 2030년부터 1차 에너지 수요가 10% 감소할 것으로 가정한다. 태양광 및 풍력 에너지의 보급이 증가함에 따라 1차 에너지의 소비가 감소할 것이라는 오해는 '1차 에너지'에 대한 개념 오류 및 잘못된 측정 방법 때문에 발생하는데, 이는 이 책의 2.7장에서 다시 설명하기로 한다.

현재의 에너지 정책은 1차 에너지의 전기화에 초점을 맞추고 있으며, 따라서 전기를 교통(전기차 참조), 난방(열 펌프 참조) 및 산업(수소를 사용하여 철강을 생산하는 직접 환원 제철 기술 참조)에 대한 에너지원으로 적극적으로 활용하여 전기의 1차 에너지 점유율을 크게 증가시키고자 한다. 따라서 이 책은 전기 에너지에 초점을 맞추고 있다. 교통에 대한 보다 포괄적인 논의를 위해서는 키퍼(Kiefer)의 2013년 저서 『Twenty-First Century Snake Oil』을 추천한다. 해당 책에는 여기에 자세히 다루지 않은 교통용 탄화수소 및 바이오 연료에 대해 상세히 언급하고 있다.

'에너지 전환'을 위해 전 세계적으로 투자된 수조 달러에도 불구하고, 화석 연료의 비율은 1970년대 이후로 거의 80% 정도로 일정하게

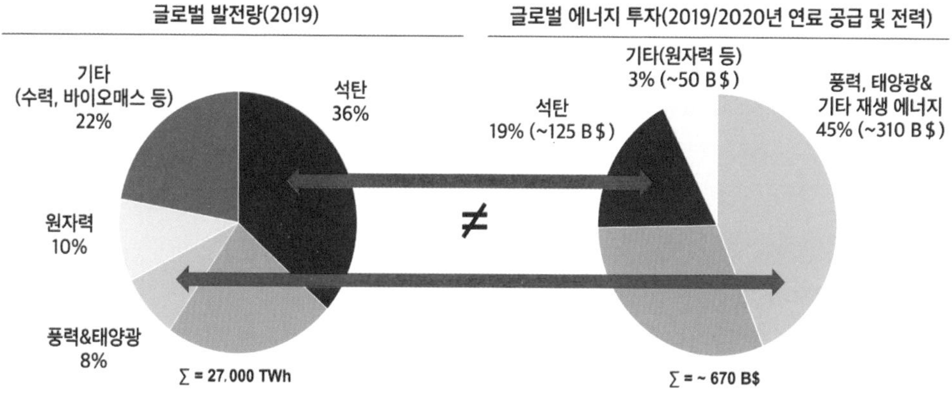

그림 4: 석탄에 대한 투자는 태양광과 풍력에 대한 투자의 절반 이하지만, 석탄은 4배나 많은 에너지를 생산한다.

참고: 오른쪽 그래프에는 연료 공급 및 에너지에 대한 투자가 포함되어 있다. 가스의 경우, 전체 '석유와 천연가스' 연료 공급 투자의 약 40%가 가스에 투자됐다고 가정한다(511 B$ x 0.4 = 220 B$).

유지되고 있다. 총 에너지 공급의 일부로서의 화석 연료 비율(~80%)은 예전 당시의 총 에너지 소비량이 현재의 약 절반보다 적은 시기였던 1970년대부터 거의 변화하지 않았다(세계경제포럼 2020). 또한 유럽에서도 화석 연료의 점유율은 여전히 70%를 초과한다. 코버(Kober 2020) 등을 비롯한 여러 연구들에 의하면, 1978년부터 2018년까지 40년 동안, 총 1차 에너지 소비량이 두 배 이상 증가했다. 동시에 GDP의 에너지 집약도는 약 1% 미만의 개선을 보였는데, 이는 에너지 효율이 다소 향상되더라도 원칙적으로 더 많은 에너지 수요에 의해 상쇄된다는 Jevon의 역설을 확인해 준다(Polimeni 등, 2015).

2021년 기준으로 풍력 및 태양광과 같은 '재생 에너지'[2]는 전 세계 1차 에너지의 약 3%와 전 세계 총 전력 생산의 약 10%를 차지했다(태양광에 대한 자세한 내용은 쉐르니카우 및 스미스 2021년 자료, 풍력에 대한 내용은 스미스 및 쉐르니카우 2022년 자료를 참조).

'화석 연료 대 풍력-태양광 계수'로 비교하면, 1차 에너지의 분류에 있어서는 약 27배, 전력 생산의 분류에 있어서는 약 8배 이상의 비율로 화석 연료가 풍력과 태양광 에너지보다 더 크다(국제에너지기구(IEA) 통계 2021). 열병합 발전을 통해 전기와 함께 부산물로서 산업 및 가정용으로 사용되는 필수적인 열도 생성한다. 이러한 열병합을 감소시키려면 생성된 열을 다른 에너지로 대체 생산해야 하며, 이는 전기 수요를 더욱 증가시킬 것이다.

참고: 이 책에서는 재생 또는 저탄소로 분류되는 에너지 공급 형태인 원자력, 바이오매스, 수력, 지열 또는 조수력과 같은 에너지에 대해서는 더 이상 논하지 않는다. 이러한 에너지는 규칙적이고 변동성이 없으며, 원칙적으로는 몇 가지 예외를 제외하고 전력 수급이 가능한 에너지 자원에 포함될 수 있다. 바이오매스는 순 에너지 효율이 매우 낮으며 적합한 경작지에 제한을 받지만, 전 세계의 7% 정도의 1차 에너지를 일관되게 공급한다. 수력 에너지는 에너지 효율이 매우 높지만 적합한 자연 강류에 제한을 받으며, 전 세계 1차 에너지의 약 3%와 전

2 '그린'과 '재생 가능'이라는 용어에 따옴표를 쓰는 이유는 풍력 및 태양 에너지가 실제로는 '그린', 즉 '청정'한 것이 아니며 '재생 가능'한 것도 아니기 때문이다. 그들이 사용하는 연료, 즉 바람과 태양열 자체는 '청정'하고 '재생 가능'한 것이지만, 풍력 및 태양 에너지에 관한 전체 시스템과 그것이 환경에 미치는 영향은, 이 책에서 자세히 설명되어 있듯이, '청정'하지 않으며 '재생 가능'하지도 않다. '재생 에너지'라고 언급할 때 별도의 구체적인 지시가 없다면, 일반적으로 '재생 가능'한 풍력, 태양열, 수력 및 지열, 바이오매스 등의 에너지를 의미한다.

기의 7%를 일관되게 공급한다. 원자력 에너지는 전기 생산의 가장 에너지 효율적인 방법으로, 전 세계 1차 에너지의 약 3%와 전기의 10%에 기여한다. 바이오 연료에 대한 자세한 내용은 키퍼 2013 및 EPA 2022에서 제공하는 상세하고 쉽게 정리된 요약본을 참조하길 바란다.

국제에너지기구(IEA)에 따르면, 세계적으로 에너지와 연료 공급에 대한 투자는 점점 '저탄소' 에너지원에 집중되고 있다. 풍력 및 태양 에너지는 현재의 미미한 에너지 점유율에도 불구하고 석유, 석탄 및 가스의 총 투자의 거의 절반을 받고 있다(그림 4). 게다가 이 비율은 화석 연료에 대한 투자가 계속해서 감소하는 반면, 풍력 및 태양 에너지에 대한 투자가 급증함에 따라 빠르게 변화하고 있다. 유럽 연합은 절대적인 투자 금액에서도 '재생'[3] 에너지에 대한 보조금으로 화석 연료에 대한 보조금보다 더 많이 지원하고 있다(EC 2022, p.30).

3 2020년에 IMF는 전 세계적으로 약 4,500억 달러의 명시적 화석 연료 보조금과 약 5.5조 달러의 소위 '암묵적' 화석 연료 보조금을 보고하였다(IMF 2021). 국제재생에너지기구(IRENA)는 2017년에 '재생 에너지'가 약 1,300억 달러의 보조금을 받았다고 추정하고 있다(IRENA 2020). 따라서 MWh당 화석 연료보다 상당히 많은 양의 보조금을 지원받았다. EU는 이미 절대적인 수준에서 '재생 에너지'에 더 많은 보조금을 지원하고 있다(EC 2022, p.30). 에버레트(Everett 2021)는 탄소의 사회적 비용을 자세히 논하며 결론지었다. "과학적 및 경제학적 불확실성을 떠나서 정부의 탄소의 사회적 비용은 입력 가정에 너무 민감해서 꽤 작은 합리적인 변동값으로도 거의 어떤 가격도 만들어 낼 수 있다. 따라서 이것은 공공 정책을 포함한 에너지 세금을 안내하기에 적합한 도구가 아니다." 따라서 우리는 '암묵적 보조금'의 개념을 거의 모든 가정에 따라 어떤 숫자든 계산할 수 있기 때문에 무시하고 있으며, 모든 에너지 형태가 '암묵적 보조금'을 받는다. 태양, 풍력, 바이오매스, 수력, 가스, 석탄 또는 원자력이든 상관없이 말이다. 예를 들어, 풍력 및 태양은 생산 및 재활용 과정에서 상당한 온실가스 배출을 유발시키지만 CO_2에 과세되지 않는다. 글로벌 온난화 예상 비용에 대해서는 Nordhaus 2018, Lomborg 2020 및 Kahn 2021을 참조하라. 보조금을 올바르게 비교하려면 항상 단위당 출력 에너지 기준으로 설정해야 하며, 이는 드물게 이루어지는 일이다.

JP Morgan 2022년 자료는, 전 세계 1,200개 에너지 기업의 캐피털 지출이 감소하는 동안 절대적인 화석 연료 수요는 계속 증가하고 있다는 것을 요약하고 있다(그림 5). 세계 최고의 에너지 경제학자 중 한 명인 국제에너지기구의 본부장인 파티 비롤(Fatih Birol) 박사는 2021년 5월 가디언에 다음과 같이 발표하였다(Harvey 2021): "정부가 기후 위기를 심각하게 다루길 원한다면, 올해부터 석유, 가스 및 석탄에 대한 새로운 투자는 없어야 한다." 코로나 이전인 2019년의 중요한 전 세계 에너지 통계 자료는 다음과 같다(BNEF 2021, IEA 투자 2020, IEA WEO 2020, IEA 투자 2021):

- 2019년에 전 세계에서 석탄, 가스 및 석유로부터 설치된 전력 용량은 전체 설치 용량의 57%에 달했다. 이 용량은 전 세계 전력의 약 62%를 생성하였다.
- 전 세계에서 설치된 풍력 및 태양광 용량은 전체 설치 용량의 18%에 해당한다. 풍력 및 태양광 발전 용량은 전 세계 전력의 약 8%를 생성하였다(2021년에는 약 10%였다).
- 2020년에 석유, 석탄 및 가스 공급 및 발전에 대한 전 세계 투자는 약 7,000억 달러였으며, 그 가운데 약 1,000억 달러가 화석 연료 발전에 투자되었다(10년 전 약 1,800억 달러로부터 감소). 나머지는 화석 연료 공급 확보에 사용되었다.
- 국제에너지기구(IEA)의 지속 가능 발전 시나리오(SDS)에 따르면, 에너지 시스템을 안정적으로 공급하기 위해서는, 에너지 투자가 2025년부터 2030년까지 매년 7,500~8,000억 달러로 증가해야 한다.
- 2021년에 풍력 및 태양광 에너지에 대한 글로벌 투자는 약 3,700억 달러에 이르렀다. 또한 '에너지 전환'을 포함한 전기 에너지 활용에 대한 투자인 전기 자동차(EVs), 바이오 연료, 저장, 탄소 포집 및 수소에 대한 총 투자는 약 7,000억 달러였다. 지난 20년

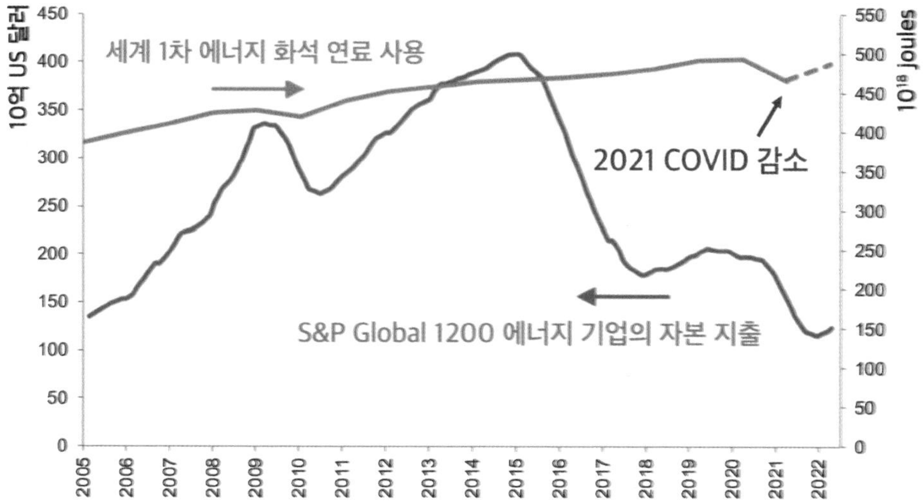

그림 5: S&P 글로벌 1200 에너지 기업의 화석 연료 자본 지출 현황

참고: 점선은 추정치.

동안 가변성 재생 에너지(풍력 및 태양광)에 대한 투자는 4조 달러를 초과하였다(그림 6 참조).

- 그림 6의 빨간색 선은 2011년 이후 '재생 에너지' 생산에 대한 매우 작은 지출 증가만 있었음을 보여준다. 대부분의 추가 지출은 전기 발전이 아닌 전기 소비에 대한 것으로, 이는 종종 '에너지 전환에 대한 투자'로 알려져 있다.

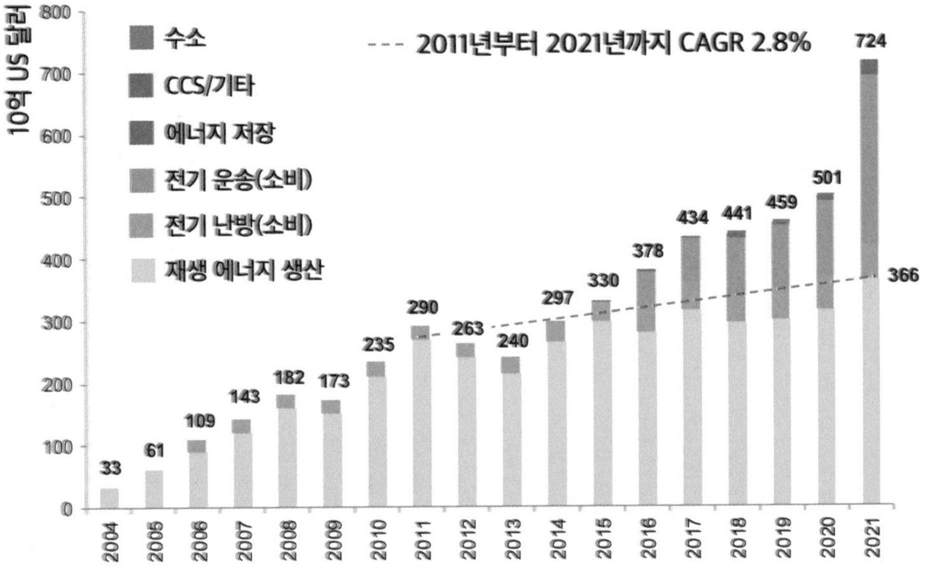

그림 6: 에너지 전환에 대한 글로벌 투자

참고: 빨간색 선은 '재생 가능한' 전기 발전에 대한 상대적으로 적은 투자 증가.
'재생 가능한' 전기 소비에 대한 투자는, 현재 생산에 대한 투자와 같다.

알아두어야 할 점은 1차 에너지의 약 3%에 해당하는 약 3,700억 달러와 1차 에너지의 약 80%에 대해 약 7,000억 달러의 투자 격차에도 불구하고, 에너지 공급 단위당 상대적인 투자 계수는 약 10:1에서 15:1(그림 4)이며, 2021년과 2022년의 전 세계 '전기' 수요 예상의 절반 정도만 '재생 에너지'가 공급할 수 있다고 국제에너지기구(IEA)가 2021년 7월에 확인했다는 것이다(IEA Electricity 2021, p.3). 사실, 국제에너지기구(IEA)는 2022년 1월에 전기 에너지 발전의 2/3 이상이 석유를 포함한 전통적인 연료로부터 비롯되었으며, 그 절반 이상이 단독으로 석탄에서 비롯되었다고 확인하였다(IEA Electricity 2022). 예상 가능한 미래를 생각해보면, '재생 에너지' 발전의 증가는 1차 에너지의 일부에만 해당한다. 이는 현재 1차 에너지의 약 40%만이 전기 생산에 사용되고, 나머지는 산업, 교통 및 주택 난방에 사용되기 때문이다(그림 3 및 2.7장에서의 1차 에너지 및 제2장 각주 2 참조).

제2장

가변성 '재생' 에너지 및 저장

제2장

가변성 '재생' 에너지 및 저장

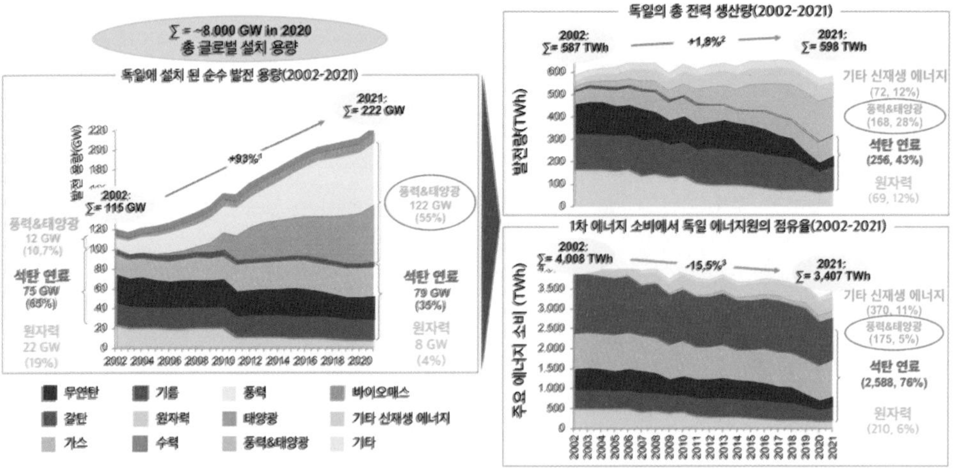

그림 7: 독일의 전력 설비 용량, 전기 생산 및 1차 에너지

참고: (1) 연평균 성장률: +3.5%, (2) 연평균 성장률: +0.1%, (3) 연평균 성장률: -0.9%, (4) 수소 및 바이오매스 포함.

2.1. 태양광과 풍력 - 설비 용량과 생성된 전력 사이의 불일치

독일은 탈탄소화를 향한 움직임을 주도하는 선진 산업국이다. 2000년 이후 '에너지 전환'에 공식적으로 4,000억 유로를 투자하고, 원자력과 화석 연료의 비중을 감소시켰다(BfWE 2020).[1] 화력 발전소 휴지에 따른 비용, 전력망 비용과 기타 비용 등을 고려하면 실제 투자된 액수는 알려진 것보다 훨씬 크다. 원자력은 가장 효율적인 에너지이고(에너지 투자 효율성에 관한 제3장 참조), 오염을 가장 적게 발생시키며 전기를 생산하는 방법임이 분명하지만, 여기서 자세히 언급되지 않은 다른 문제들을 가지고 있다. 지난 20년 동안 유럽이 화석 연료 생산을 줄임에 따라 주로 러시아로부터의 에너지 화석 원료 수입 의존도가 매우 증가했다. 그래서 서유럽은, 의도한 것은 아니지만 화석 연료 생산을 지지하는 것처럼 보여진다.

독일이 2021년까지 '에너지 전환' 정책에 투자한 자금으로, 독일의 총 전력 생산량 설비 기준 풍력 및 태양광의 점유율은 약 28%를

1 참고: 숫자에는 EEG 보상 패키지(EEG-Gesamtvergütung)만 포함되며 다른 투자, 연구, 보조금 등은 포함되지 않는다.

달성했다. 하지만 태양광과 풍력의 1차 에너지 점유율[2]은 여전히 5%에 불과했다(1차 에너지와 '재생' 에너지에 대한 논의는 2.7장 참조). 이러한 '전환'을 달성하기 위해 독일의 전력 설비 용량은 두 배가 되어야 했다(그림 7). 결과적으로 '재생' 에너지 부문은 실제 에너지 측면의 투자에 비해 크게 저조한 발전 실적을 보였으며 독일의 전기 가격은 G20에서 가장 높아졌다. 이 저조한 실적은 정책 의도나 실행이 잘못된 것이 아니라 그림 8에 언급된 가변적 재생 에너지에 내재한 낮은 자연 용량 계수, 낮은 에너지 효율성과 본질적인 단점에 의한 것이다.

2002년부터 2021년까지 20년 동안 독일의 전력 설비 용량은 115GW에서 222GW로 거의 두 배 증가했지만, 총 전력 소비량은 거의 변함이 없었고 1차 에너지는 15% 이상 감소했다(그림 7). 독일은 앞으로 수십 년 동안 독일 '에너지 전환(Energiewende)'의 요구에 따라 소비자와 산업 분야의 수요 증가를 충족하기 위한 교통, 건물 난방, 산업 공정의 전기화와 수소 생산 요구로 인해 전기 소비가 엄청나게 증가할 것으로 예상하고 있다.

전 세계 '에너지 전환'의 평균적인 현황을 살펴보면, 표면적으로는 꽤 긍정적인 성취를 이루고 있는 것처럼 보인다. 2020년에는 글로벌 에너지 설비 용량 약 8,000GW(8TW, 그림 10) 중 약 18%(약 1,400 GW)가 태양광과 풍력으로서, 전 세계 전기의 약 8%를, 1차 에너지의 약 3%를 공급했다(BP 2021, IEA Power 2019, IEA Statistics 2021). 2021년에는 거의 200GW의 태양광 패널이 설치되었고, 세계는 2022년 3월에 태양광 설비 용량이 최초로 1TW가 된 것을 기념했다(PV-Mag 2022).

그러나 그림 7은 전기 설비 용량과 발전 용량 사이의 상당한 차이

2 1차 에너지에서 차지하는 비중을 계산할 때, 1차 에너지의 감소는 풍력과 태양광 전기의 효율성을 100%로 가정했기 때문이다. 즉, 풍력 및 태양광 발전이 에너지 손실 비용 없이 100% 효율로 변환되었다고 잘못 가정하고 있다(자세한 내용은 2.7장 참조). 보다 현실적인 낮은 순 효율을 가정한다면 풍력과 태양광의 1차 에너지 점유율이 증가하고 총 1차 에너지는 더 높아질 것이다.

를 보여주고 있다. 독일과 같은 국가들은 태양광과 풍력의 평균 자연 용량 계수들을 고려할 때 설비 용량을 두 배로 늘려도 전기 공급은 1/3 미만에 그치고 1차 에너지에 대한 기여도 역시 10% 미만이 될 것이다. 이러한 차이가 발생하는 원인은 매우 복합적이어서 전기의 공급과 수요에 다양한 방식으로 영향을 미친다. 그림 8은 태양광과 풍력과 같은 가변성 '재생' 에너지(VRE)[3]의 단점들을 확실하게 잘 설명해 주고 있다. 이러한 재생 에너지의 결함은 기술이 향상되더라도 일부분만 개선될 수 있다.

1.	Nutzungsgrade	Geringe natürliche Nutzungsgrade aufgrund von Standorteigenschaften, Unvorhersehbarkeit der Wind- und Sonnenverfügbarkeit, was zu Intermittenz führt.
2.	Energiedichte und Raumbedarf	Niedrige Energiedichten, d.h. geringe Verfügbarkeit von Wind- und Solarenergie pro m^2 führt zu großem Flächenbedarf und steigenden Raumkosten.
3.	Umweltschäden	Umweltschäden an Pflanzen und Tieren und negative Auswirkungen auf lokale und regionale Klimasysteme wie zum Beispiel Erwärmung, Reduzierung von Windgeschwindigkeiten oder atmosphärische Veränderungen.
4.	Energieeffizienz	Niedrige Energieeffizienz und daraus resultierende wirtschaftliche Verluste durch Stromerzeugung, -umwandlung, -konditionierung und -übertragung. Diese Aussage gilt für die Stromerzeugung im Netzmaßstab.
5.	Korrelierte Wind-/Solar-Verfügbarkeit	Kontinental-große Gebiete mit stark korrelierten Windgeschwindigkeiten und Sonnenverfügbarkeit.
6.	Lebensdauer	Kurze Lebensdauer von Wind- und Solaranlagen, die durch Repowering immer kürzer werden.
7.	Backup/Speicherung	Kritischer Bedarf und Unterauslastung von Backup-Kraftwerken oder Langzeit-Backup-Energiespeichersystemen, die im Wesentlichen 100% der installierten Wind- und Solarkapazität entsprechen müssen.
8.	Natürliche Ressourcen	Bedarf an natürlichen Ressourcen und Energie für Abbau, Transport, Verarbeitung, Herstellung und Recycling von Wind- und Solaranlagen und erforderlichen Backup- oder Speichersystemen.
9.	Recycling	Erhöhte Recycling-Herausforderungen aufgrund komplexer Chemie und kurzer Lebensdauer mit Auswirkungen auf Wirtschaftlichkeit und Umwelt.
10.	eROI und Materialeffizienz	All dies führt zu einer unzureichenden Energierendite und einer geringen Materialeffizienz, wobei die gesamte graue Energie des ganzen Energiesystems berücksichtigt wird.

그림 8: 다양한 가변적 '재생 에너지'의 단점 요약

3 국가마다 신·재생 에너지를 구분하는 기준과 방법, 그리고 신·재생 에너지를 부르는 명칭(신에너지, 재생 에너지, 미래 에너지, 미활용 에너지 등)은 제각각이다. 미국, 유럽, 국제에너지기구(IEA)는 재생 에너지의 명칭에 다른 하위 분류 체계를 가지고, 일본은 신에너지라는 표현을 사용하고 있다.

1. 용량 계수(Capacity factor): 입지의 특성, 태양광과 풍력의 예측 불가능성, 에너지 간헐성 등으로 인한 낮은 자연 용량 계수.
2. 에너지 밀도와 공간적 필요성: 단위 면적당 낮은 태양 광도와 풍력 가용성으로 인한 낮은 에너지 밀도는 결과적으로 넓은 공간이 필요하게 되고 부지 비용 증가를 유발.
3. 환경 피해: 동식물의 생존에 대한 환경적 피해, 그리고 온난화, 바람길 방해, 대기 상태 변화와 같은 국소적 및 지역적 기후 시스템에 대한 부정적인 영향.
4. 에너지 효율성: 낮은 에너지 효율과 발전, 변전, 조절 및 송전으로 인한 경제적 손실. 참고로 이것은 그리드 규모 전력망에서의 발전에 해당한다.
5. 바람/태양의 공급량과 연관성: 풍속과 일조량 확보가 높은 상관관계에 있는 대륙 크기의 지역.
6. 수명: 풍력 및 태양광 설비의 짧은 수명은 '재전력(repowering)'[4](신규 모델로의 교체)으로 인해 더욱 단축되고 있다.
7. 백업/저장 : 기본적으로 풍력 및 태양광 설치 용량과 100% 같아야하는 보조 발전소의 저조한 활용도 또는 장기간의 에너지 저장 시스템에 대한 요구 사항이 중요함.
8. 광물 자원: 풍력 및 태양광 설비의 재활용과 필수적인 백업(보조)/에너지 저장 시스템과 선광, 운송, 가공, 생산에 소요되는 천연자원과 에너지 수요.
9. 재활용: 복잡한 화학적 성질과 짧은 수명으로 인해, 경제 및 환경에 미치는 영향과 재활용 문제 증가.

4 재전력(repowering)이란 풍력 발전소에서 오래된 터빈을 최신 기술을 사용하는 더 강력하고 효율적인 모델로 교체하는 것을 의미한다. 새 터빈이 단위 용량당 더 많은 전력을 생산하기 때문에 평균적으로 재가동은 풍력 발전소의 발전 용량(MW)을 늘리고 전기 출력을 늘린다.

10. 에너지 투자 수익률(eROI) 및 원료의 효율성: 전체 에너지 시스템에 내재된 모든 에너지 시스템을 고려하면, 위의 모든 항목은 합당하지 않은 투자 대비 에너지 생산과 낮은 원료의 효율성으로 해석된다.

태양의 엄청난 에너지에도 불구하고, 자연풍 및 태양으로부터 단위 면적당(㎡당) 사용할 수 있는 에너지는 제한적이고 간헐적이며, 너무 작아서 전력망 그리드 규모(낮은 에너지 밀도)의 효율적인 전기를 생산할 수 없다. 식물, 특정 지역 및 광범위한 지역의 기후, 동물 생태, 바닷길, 새들의 항로, 새, 박쥐, 그리고 곤충 개체군들까지도 풍력과 태양으로 인해 부가적으로 부정적인 영향을 받는다. 이러한 영향들은 주로 풍력과 태양광이 설치된 광범위한 지역에서 발생한다(쉐르니카우와 스미스 2021, 스미스와 쉐르니카우 2022).

기술 발전을 통해 풍력 및 태양광 설비 용량의 순 효율성을 더욱 높일 것이다. 그렇지만, Betz 법칙과 Shockley-Queisser Limit[5](그림 11 참조)에 나타난 물리적 한계로 인해, 다른 현상에서와 같이 10배가량 급격한 증가가 성취될 가능성은 없다. 예를 들어, 양자 컴퓨팅의 패러다임에 대해 보장했던 것과 같이 태양광 또는 풍력 에너지에서 패러다임 전환이 일어날 가능성은 없다. 에너지 기술 진보와 컴퓨팅 기술 진보는 서로 다른 법칙을 따르기 때문에 함께 비교할 수는 없다(그림 32).

5 Shockley-Queisser Limit는 태양 전지의 최대 이론적 효율을 나타내는 개념이다. 이 개념은 태양 전지가 받는 광자에서 추출할 수 있는 전기 에너지의 양을 나타내며, 1961년 William Shockley와 Hans-Joachim Queisser가 처음 계산했으며, 단일 p-n 접합을 사용하여 전자를 수집하는 전통적인 태양 전지의 최대 이론적 효율을 33%로 계산했다.

실리콘에 대한 Shockley-Queisser의 33%의 양자 효율 상한선은 다층 광전지 태양광[6]에서 넘어설 수 있지만, 현재까지는 실리콘 태양광 패널보다 불안정하고 내구성이 떨어진다. 다층 광전지는 이미 단결정 실리콘의 양자 효율성을 약 50% 능가하지만 다층 광전지의 사용 수명이 20년에 도달하기 어렵다. 페로브스카이트 양자점과 같은 새로운 물질과 기술적 향상으로 조만간 안정성과 내구성 문제를 극복할 수 있지만, 100% 양자 효율은 절대적인 물리적 최대치이고 결코 도달할 수 없다.

기술적 향상으로 태양광 패널의 양자 효율을 2배 정도 증가시킬 수 있다. 하지만 기존 에너지 생산과 경쟁할 수 있고, 그리드 규모에서 요구되는 에너지 투자 수익률(eROI)의 장애물을 능가하는 데 필요한 기술적 진보로는 부족하다. 전통적인 에너지 생산 방식 역시 시간이 지남에 따라 에너지 효율이 향상된다. 예를 들면, 최근 일본과 독일에서 초임계 고효율(USCHELE) 석탄 화력 발전소[7]의 효율성은 60% 이상을 달성했으며, 안정성을 충족시키고 송출 가능한 전력 수급을 달성하는 동시에 화석 연료량과 온실가스(GHG) 배출을 줄이고, 오염물질 배출을 실질적으로 없애고 있다. 이는 '재생 에너지' 자원으로 지금까지 달성한 것보다 온실가스 배출을 제어하는 데 더 효과적인 수단으로 나타난다(아래 각주 참조).

6 다층 광전지(PV)는 단일 밴드갭 태양 전지에 대한 ~30% 전력 효율인 Shockley-Queisser 한계를 잠재적으로 극복할 수 있는 3세대 광전지이다.

7 초임계 고효율 저배출(USC HELE, Ultra-Supercritical High-Efficiency Low-Emissions) 석탄 화력 발전소를 의미한다. 세계 평균인 34%보다 훨씬 높은 최대 47.5%의 순 에너지 효율을 달성할 수 있는 최첨단 발전소이다. 효율성이 1% 개선될 때마다 석탄 발전소의 CO_2 배출량이 2% 이상 크게 감소한다.

2.2. 자연 용량 계수

용량 계수는 모든 물리적 한계를 감안한 에너지 변환 시의 최대 출력 가능량과 실제 달성된 출력량(단, 실제 달성 출력량을 산출할 때는 기술적 장애나 정전, 운영 문제 등이 없다는 가정하에 현장 조건을 따른다)의 비율(%)이다.

태양광(PV) 단지의 경우 자연 용량 계수는 전적으로 태양광의 강도와 지속 시간에 따라 달라지며 이는 계절적 특성과 구름, 낮과 밤의 영향을 받는다. 구체적인 예시를 들자면, 사하라 사막의 먼지 같은 특수한 지역 조건이나 태양광 패널 표면의 투명도를 유지하는 역량 등이 자연 용량 계수에 영향을 미친다는 뜻이다.

풍력 터빈 단지의 자연 용량 계수는 단지의 풍속 분포[1]와 풍력 터빈의 포화 속도에 따라 달라진다. 풍력 터빈의 용량 계수는 풍력 단지의 포화 풍속 또는 그 이상에서 작동하는 연간 시간 수에 의해 결정된다(스미스와 쉐르니카우 2022). 설계된 풍력 포화 속도가 예를 들어 4~5m/s로 낮게 설정되어 있다면, 높은 용량 계수를 갖고 있더라도 그 풍력 발전

1 풍속 분포는 측정된 데이터를 사용해 풍속 bin을 통하여 풍속값을 그룹화하고 생성한다. 예를 들어, 풍속 분포에서 처음 3개의 풍속 bin은 0~1m/s, 1~2m/s 및 2~3m/s이어서, 이 범위(bin) 내에 있는 모든 풍속 값은 함께 그룹화한다. 풍속 분포는 풍력 발전기의 전력 곡선과 함께 사용되어, 특정 위치의 특정 풍력 발전기의 잠재적인 전기 에너지 생산을 추정한다. 풍속 분포를 근사화하기 위해 Weibull 분포를 사용할 수 있다.

단지는 에너지를 거의 생산하지 못한다. 일반적으로, 풍력 포화 속도는 12~15m/s이다.

여기서 자연 용량 계수에 대해 언급할 때는, 기술적 또는 운용적으로 구동되는 용량 계수가 아닌 자연에서 파생된 용량 계수만을 언급한다(이를 '활용률'이라고 하고, 종종 발전소 부하 계수(PLF)라고도 한다). 다시 말해, 기술적인 결함이나 의도적인 발전소 가동 중단 등이 발생하면 활용률은 감소하지만 자연 용량 계수는 감소하지 않는다. 따라서 '순 부하 계수'를 얻기 위해서는 자연 용량 계수에 기술적 또는 운용적 활용률을 곱해야 한다. 에너지 관련 언론에서 최근에 보도한 내용에 따르면, 석탄이나 가스는 평균 60% 이하의 용량 계수(capacity factor)를 가지고 있다고 한다. 그러나 이러한 수치는 자연 용량 계수가 아니다. 이는 순 부하 계수이며, 풍력과 태양광의 보급율이 높을수록 감소하고 전력 시스템의 비용은 증가하게 된다. 기존의 발전소는 자연 용량 계수가 거의 100%에 가깝지만, 운용 및 기술 활용률이 90%를 크게 밑도는 경우가 많다.

말할 필요도 없이, 풍력과 태양광의 자연 용량 계수는 일정 기간에 대해 예측하거나 보장할 수 없다. 자연 용량 계수는 연간 기준으로 추정할 수 있지만 여전히 해마다 크게 다르다(유럽 2021 참조). 따라서, 전 세계적인 자연 용량 계수는 풍력 또는 태양광이 설치되는 지역에 따른 직접적인 결과이다. 풍력과 태양광은 어떤 방식으로든 적용된 기술에 따라 달라지거나 영향을 받지 않는다. 그림 9는 지구 전체에 풍력과 태양광 자원이 얼마나 불균등하게 분포되어 있는지를 나타낸다. 인구 밀도가 높은 아시아와 적도 지역은 가용할 수 있는 풍력 자원이 거의 없다. 태양광은 낮과 밤, 지구의 북반구와 남반구의 일조 시간, 그리고 적도 지역의 우기나 몬순 기간에 따라 제한적이다. 호주, 남아프리카, 사하라, 캘리포니아는 일사량(solar irradiance)이 가장 높은 지역이다.

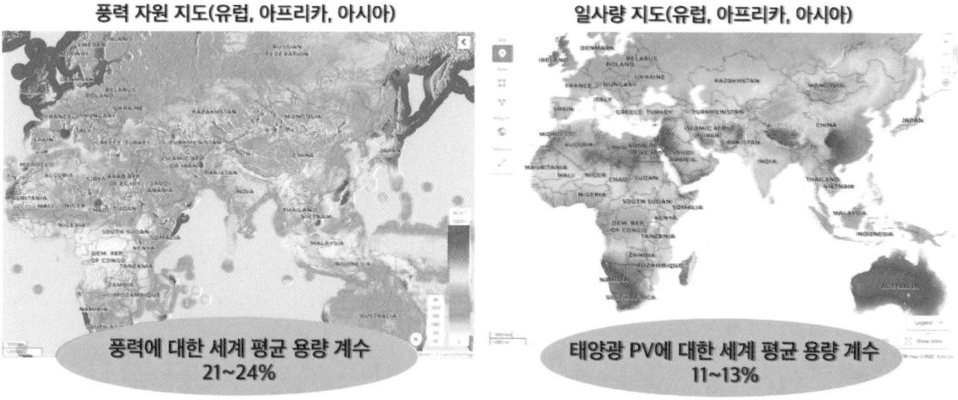

그림 9: 유럽, 아프리카 및 아시아의 전 세계 풍력 및 태양광 지도

유럽에서는 풍력의 경우 태양광에 비해 높은 용량 계수를 나타내고 있다. 북유럽의 풍력 설비는 평균 30% 이상 도달할 수 있지만, 인도는 15% 미만이고 인도네시아는 8% 미만이다. 평균값이 중요하다. 연간 태양광 용량 계수는 독일이 약 10~ 11%, 스페인은 약 17%, 캘리포니아는 약 25% 그리고 인도에서는 14~19%에 도달할 수도 있지만, 인도네시아의 인구 밀집 지역에서는 15% 미만에 이른다(Chen et al. 2019, 그림 2). 카바잘레스 등(Carbajales-Dale et al.)의 2014년 보고서에서는 태양광보다 풍력이 더 용량 계수가 높다고 확인한 바 있다. 이 보고서에서는 전 지구의 평균 풍력 용량 계수는 약 21~24%이며, 태양광은 11~13%로 추정했다(그림 9).

앞에 언급한 것처럼, 자연 용량 계수는 태양광 발전(PV)의 기술이 아닌 현장(입지 조건)에 기인한다. 따라서, 완벽한 태양광 발전 장비라도 위에서 언급한 손실은 제외하더라도 여전히 연평균 10~25%의 자연 용량 계수를 해결해야 한다(쉐르니카우와 스미스 2021). 수소 형태로의 저장과 H_2에서 생산된 에너지 운송은 전 세계의 '태양과 풍력이 풍부한 지역'에서 '그린' 수소 형태로 저장된 잉여 바람과 태양 에너지를, 필요한 다른 지역으로 전송함으로써 간헐성 문제를 극복할 것으로 예상된다. 우리의 관점은, 2.4장과 2.5장에서 설명되듯이 대규모 전력망 그리드 시스템에서 비현실적이다.

용량 계수와 관련된 추가적인 예는: 25%의 자연 용량 계수는 1,000MW(또는 1GW) 설비 용량의 풍력 발전 단지에서 연평균 250MW의 전력이 생산되는 것을 의미한다. 이는 어떤 기술적 또는 운영상의 문제가 없는 경우, 즉 100% 활용도를 가정했을 때이다. 하지만 정확히 언제 전기가 생산될지는 알 수 없으며, 그러한 풍력 단지에서는 전기 생산이 거의 없는 채로 몇 시간이나 며칠, 때로는 수 주가 지날 수도 있다. 그림 10은 2022년 4월과 5월 동안 독일에서 평균 5% 미만의 풍력 용량 계수를 나타낸 2주간의 바람이 잠잠했던 소강 기간을 나타낸다. 그와 반대로, 지속적인 강풍은 대규모 전력 시스템에서 감당할 수 없는 많은 양의 초과 전력을 생산하게 되고 따라서 풍력 터빈의 작동을 중단해야 할 수도 있다. 이는 결국 풍력 터빈에서 전력 생산이 전혀 안 된다는 것을 의미한다. 대륙 전반 및 반구 지역 간 풍속의 상관관계가 높다. 강풍은 전체 그리드에 걸쳐 과도한 전력을 발생시킬 것이라는 것을 의미하며, 이 역시 과도한 전력은 전체 그리드에 연결하여 쉽게 감당할 수 없게 된다(스미스와 쉐르니카우 2022).

이론적인 풍력 발전소에서 생산된 연간 250MW의 평균 전력 생산량에 총 8,760시간을 곱하면, 이는 이때 생성된 전기가 또 다른 전력 변환이나, 조건 부하 또는 송전상의 손실이 없다는 비현실적인 가정하에, 해당 연도에 사용 가능한 전기는 2.2GWh 생산된다(제2.7장). 전력 변환, 조건 부하 및 송전을 진행한 경우, 수요와 발전의 공간적 불일

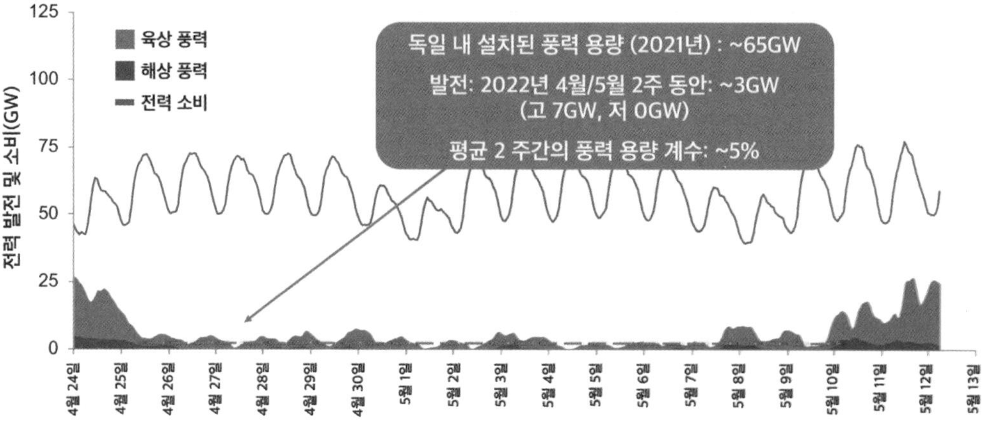

그림 10: 바람 소강기 동안 독일의 풍력 발전량(4월 25일~ 5월 10일, 2주간)

치, 풍력과 태양광의 큰 가변성 및 AC/DC 변환으로 인해 풍력과 태양광 발전의 효율성이 떨어진다. 그에 대한 비교로, 평균 90% 이용률 또는 발전소 부하율을 유지하는 1,000MW 가스 발전소는 전원 차단되지 않는 한 해당 연도 동안 약 7.8GWh의 전기를 생산한다. 이는 이론적으로 풍력 발전소에서 생산한 전기의 4배에 해당한다(2.7장). 가스나 석탄을 사용할 수 있고 기술적인 고장이 발생하지 않는 한, 가스 또는 석탄 화력 발전은 매시간 또는 매분 단위로 정확하게 미리 결정할 수 있다. 국제에너지기구(IEA)는 가치 추정 균등 발전 비용(VALCOE) 측정에서 이를 '유연성값'[2]이라고 한다(3.1장 참조)

2 유연성값은 발전소가 얼마나 유연하게 전력 수요와 공급 변화에 대응할 수 있는지를 나타내는 지표이다. 이 값이 높을수록 발전소는 전력 수요 변화에 더 빠르게 대응할 수 있으며, 이는 전력 시장에서 더욱 경쟁력 있는 위치를 유지할 수 있음을 의미한다. 이 값은 보통 발전소의 가동 상황, 연료 공급 등 여러 가지 요인에 따라 결정된다.

거의 100% 자연에서 파생된 용량 계수를 감안할 때, 기존의 화력 발전소는 원자력 발전소가 기본 전력[3]으로 올바르게 사용될 때와 마찬가지로 90% 이상의 순 부하 계수를 유지한다. 실제 달성된 부하 계수는 일반적으로 낮다. 이는 전력 수요와 맞추고 간헐적 '재생 에너지'(예: 풍력이나 태양광은 일반적으로 전력 시스템에서 우선순위가 주어지고, 이로 인해 화력 발전은 차단됨)가 사용되도록 축소되거나 낮은 활용률에 기인하기 때문이다. 따라서 석탄, 가스 및 원자력 발전소는 본질적으로 풍력 및 태양광과 같은 가변적 '재생' 에너지보다 3~10배 더 큰 용량 계수를 갖고 있다. 그러나 더 많은 풍력 및 태양광 발전 용량이 시스템에 유입됨에 따라 활용률은 계속해서 감소하고 있다. 초고임계(USC)로 설계된 화력 발전소는 60% 이상의 효율성을 달성하며 이는 연료 전지나 오늘날의 풍력 또는 태양광 설비보다 더 우수하다. 따라서 화석 연료는 제대로 사용되면 더 효율적이며 항상 사용될 수 있다. 현대식 청정 연소 기술이 고효율, 저배출(HELE) 발전소에 통합되어 환경 수용성이 더욱 높아질 때 에너지 가치는 더욱 높아질 수 있다.

3 기본 전력이란 전력 그리드에서 일정하게 필요한 최소한의 전력량을 뜻한다. 일반적으로 주거와 산업의 기본적인 전력 수요를 충족시키기 위한 전력량으로, 연중 내내 일정하게 수요되는 전력량이다. 이에 반해 'Peak power'는 전력 수요가 상승하여 최대치에 도달하는 시기에 발생하는 전력 생산을 일컫는다. 예를 들어, 에어컨이나 히터 등의 활동이 많아지는 더운 여름이나 추운 겨울철에는 Peak power가 더 필요하다.

이제 원자력, 가스 또는 수력[4]과 같은 상시 전력 공급[5]이 가능한 전력보다 풍력 및 태양광에 대한 설치 용량이 훨씬 더 커야 하는 이유가 명백해졌다. 가변적 재생 에너지에서 같은 양의 사용이 가능하고, 하지만 예측 불가능한 에너지를 생산하기 위해 에너지 생산 용량이 현저하게 증가해야 한다. 가변적 재생 에너지 생산에는 연료 절약에서 상쇄된다 하더라도 엄청나게 많은 자재와 에너지가 투입되는 것과 결부되어 있다(3장의 MIPS 및 eROI 참조).

반대로, 과도하게 구축된 가변적 재생 에너지 시스템(VRE)은 모든 기상 조건이 완벽한 상황에서는 지나치게 많은 전력을 생산하게 되고, 생산된 전력을 저장한다 하더라도(저장에 들어가는 에너지 비용으로 인해) 결과적으로 에너지를 낭비하게 된다. 이러한 과잉 용량은 원칙적으로 '그린' 수소 생산과 같이 부분적으로 저장될 수 있다. 하지만, 현재까지 독일조차도 아직 존재하지도 않는 장기 에너지 저장 시스템을 '충전'할 만큼 충분한 여분의 풍력과 태양광 전기를 생산하지 못하고 있다. 초과 용량은 1년 중 극히 한정된 시간 동안만 발생 가능하다. 따라서 이것은 저장 시스템을 구축하기에는 비효율적이고, 변동이 많은(불

4 수력 발전은 물이 적정 수위 이상 축적되어 있는 경우에 한해 운영 가능하다. EU의 수력 백업으로 자주 언급되는 노르웨이는 매년 50% 이상 변동하는 수력 에너지 저장 시스템을 갖고 있으며(NVE 보고서 2021), 가뭄 조건에서 특정 수위 아래로 내려가면 전력을 생산할 수 없다. 반대 상황은 중국의 삼협 양자강 댐에서 지난 두 해 동안 겪어왔다. 평균 이상의 장마로 인해 수위가 과도하게 증가하여 댐 붕괴와 재앙적인 홍수를 피하기 위해 물을 가능한 빨리 방출해야 했다. 따라서 수력 발전 설비의 발전 용량 계수 역시 기술을 통해 제어할 수 없으며 날씨에 영향을 받으나(2.4장 참조), 풍력 및 태양 전력 생산량보다는 변동이 적다.

5 상시 전력 공급이란 전력 공급자가 요청에 따라 언제든지 발전기 운전을 조절하여 전력 공급을 제공할 수 있는 전력으로, 언제든지 필요한 만큼의 전력을 생산하고 전송할 수 있는 것을 말한다. 이는 재생 가능 에너지인 풍력과 태양광 발전소와 대조되는 개념으로, 풍력과 태양광 발전은 날씨나 일조량 등에 따라 전력 생산이 변동하기 때문에 지속적인 전력 생산이 보장되지 않는다. 따라서 상시 전력 공급은 전력 그리드에 안정적인 전력 공급을 제공하는 데 중요하다.

규칙한) 에너지원이며 그 결과 자산 활용율이 낮아진다. 과잉 용량의 가용성은 점차 성장하고 있지만, 아직은 거의 활용되지 않기 때문에 독일은 독일 내의 균형 잡힌 그리드와 주파수를 유지하기 위해 스위스와 같은 인근 국가로 전기를 보내고 선택적으로 비용을 지불할 필요가 있음을 알았다는 것을 의미한다. 스위스는 양수 발전기를 충전하거나 자체 전력 수요를 충족시키기 위해 송전된 전기를 사용한다. 독일의 잉여 전기[6]를 흡수하기 위한 이러한 보상은 전기를 지급받은 국가(여기 스위스)의 전기 시설이 충분히 활용되지 않고 유휴 상태가 되어 낭비된다는 점에서 연쇄적인 영향을 미칠 수 있다.

6 장기 구매전기(off-take electricity)는 전력 생산자가 생산한 전력을 구매하는 것을 의미하며, 'selectively pay'는 특정 상황에서 다른 나라에게 보상금을 지불하는 것이다. 독일이 인근 국가에게 전력을 판매하는 것이 아니라, 독일의 전력 그리드를 균형 잡기 위해 인근 국가에게 전력을 구매하고 있으며, 이에 대한 보상금을 선택적으로 지불하고 있음을 의미한다. 생산된 장기 구매전기(off-take electricity)는 생산된 전기를 외부 시스템으로 전달하거나, 생산자와 수요자 간의 계약에 따라 생산된 전기를 수요자가 사용하는 것을 뜻한다. 보통 전기 생산자는 수요자가 필요로 하는 만큼의 전기만 생산하며, 남은 전기는 전력 그리드를 통해 다른 지역으로 전달하거나 저장하는 것이 일반적이다. 저장 기술이 충분하지 않은 상황에서, 독일에서 생산된 잉여 전기는 일시적으로 주변 국가들에게 수출되고 있다. 독일은 국내 전력 그리드를 유지하면서 발전소의 출력을 감소시키는 것이 어려운 경우가 종종 발생한다. 이때, 독일은 주변 국가들에게 전기를 수출하고 있으며, 이를 위해 돈을 지불하고 있다. 예를 들어, 독일은 스위스와 같은 국가들에게 전력을 판매하고 있다. 이러한 전력 수출은 현재는 일시적인 대책으로서 사용되고 있다.

- Wind → Betz Limit
  - Max 60% of kinetic energy in air that a blade can capture for conversion to electricity
  - Modern turbines do not exceed 45% conversion to electricity
  - Turbines only reach 30-45% when brand new, due to continuous degradation each year
- Photovoltaic (PV) → Schockley-Queisser Limit for monocrystalline silicon
  - Max 33% of incoming photons can be converted into electrons in silicon photovoltaic
  - State-of-the-art single-layer PV achieve over 26% conversion to electricity
  - New non-silicon options will have similar boundaries and are far from economical
  - Multi-layer PVs have reached about 45% conversion, none are as durable as silicon
- Space requirements, material input, and recycling needs of wind and solar are underestimated
  - Wind: cement, steel, balsa wood, fiber glass (for airfoils), energy and material input
  - Solar: Silicon derived from silicon oxides/quartz, silver, steel, aluminum, energy input

While we have seen large improvements in efficiencies and costs in past decade, further 10-fold improvements are impossible as we reach physical limits

그림 11: 풍력과 태양광의 기술적 진보의 물리적 한계의 법칙

■바람 → 베츠 한계[7]

- 블레이드가 포착할 수 있는 공기 중 운동 에너지의 최대 60%까지만 포착.
- 현대식 터빈은 전환율이 45%를 초과하지 않는다.
- 터빈은 지속적인 성능 저하로 인해 새것일 때 오직 30~45% 정도에 이른다.

7 베츠 한계는 풍력 발전 시스템에서 터빈이 풍력으로부터 얻을 수 있는 최대 에너지를 제한하는 이론적인 한계를 의미한다. 이 이론은 독일 물리학자인 알버트 베츠(Albert Betz)가 1919년에 발표하였으며, 질량 보존과 에너지 보존의 원리를 기반으로 한다. 베츠 한계는 풍력으로부터 얻을 수 있는 최대 에너지양을 59.3%로 제한한다. 풍력 터빈은 풍력으로부터 얻은 운동 에너지 중 최대 59.3%를 기계적인 에너지로 변환할 수 있다. 이 한계는 운동량 보존의 원리에 따라 설명된다. 이 원리는 풍력과 같은 유체가 빠르게 움직일수록 터빈에 전달되는 에너지 효율이 낮아진다는 것을 보여준다. 베츠 한계는 풍력 터빈의 설계에 있어 중요한 개념이다. 이 이론은 모든 풍력 터빈의 성능에 대한 이론적 상한선을 제시하기 때문이다. 그러나 현대의 대부분의 풍력 발전 시스템은 공기 저항 및 기계 손실 등의 실용적인 제한으로 인해 베츠 한계의 30~50% 정도에서 운전한다.

■ 태양광(PV) → 단결정 실리콘의 Shockley-Queisser Limit

- 유입되는 광자의 최대 33%만 실리콘 태양광 발전에서 전자로 변환될 수 있음
- 최첨단 단층 PV는 26% 이상 변환 가능함
- 새로운 비실리콘 광전지도 비슷한 한계를 갖게 될 것이며 경제성과는 거리가 멀다.
- 다층 PV는 약 45% 변환에 도달했지만, 실리콘만큼 내구성이 뛰어나지 않다.

■ 재생 에너지에 필요한 면적, 자재 투입, 재활용의 필요성은 쉽게 과소평가됨

- 풍력: 시멘트, 철, 섬유유리(에어포일용), 에너지 및 자재 투입
- 태양광: 실리콘 산화물, 은, 철강, 알루미늄, 에너지 투입에서 생산된 실리콘

지난 10년간 효율성과 비용면에서 크게 개선되었지만, 물리적 한계(33%)에 도달함에 따라 앞으로 10배 이상의 효율 향상(개선)은 불가능.

'재생' 에너지의 자연 용량 계수는 풍력과 태양광의 자연적 가용성에 의해 제한을 받는다. 이는 기술적 결함이나 소비를 줄여야 할때 제한되는 기존 발전소의 활용도(발전소 부하율, PLF)와 비교될 수 없다. 기존 발전소의 순 부하 계수 또는 활용 계수를 가변성 재생 에너지의 자연 용량 계수와 비교하는 것은 경제적으로 올바르지 않다.

자연 용량 계수 x 활용률 = 순 부하 계수(net load factor) (1)

2.3. 송전, 배전, 전력 조절 및 블랙 스타트[1]

송전: 송전 손실은 현대 에너지 시스템의 잘 알려진 특징이다. 일반적인 전력 시스템에서는 효율적인 대형 발전소가 도시나 산업 클러스터와 같은 수요 중심지 근처에 건설된다. '재생 가능한' 전력 시스템에서는 자연 조건이 최적인 곳에 풍력 및 태양광 '발전소'를 건설해야 하므로 이러한 최적화는 불가능하다. 그 때문에 가변적 재생 에너지(VRE)에서는 송전이 훨씬 더 큰 문제가 되는 것이다. 전력의 효율적인 장거리 전송은 '넷-제로(Net-Zero)' 경로에서 요구되는 것처럼, 원격지에 있는 풍력 또는 태양광 발전 단지에서 수요 중심지로 에너지를 운송하는 것을 최적화할 수 있지만, 이는 그림 8에 요약된 가변적 재생 에너지(VRE)의 다른 고유한 단점을 극복할 수는 없다.

1 블랙 스타트 송전은 전력망의 정전 상태에서 시스템을 다시 기동시키는 과정을 말한다. 전력망에서 발생한 이상 혹은 정전 등으로 인해 전력망 전체가 다운되었을 때, 발전소나 배전센터에서 전원을 복구할 수 없는 상황이라면, 블랙 스타트 전원으로부터 전력을 공급받아 전체 전력망을 복구할 수 있다. 발전소, 배전센터, 전력망 등에 블랙 스타트 기능이 장착되어 있어야 한다.

장거리 전송 방법의 일례는 'Euro-Asia Interconnector Project 18'이다. 이는 호주 북부 지역에서 싱가포르까지 4,500km의 해상 거리를 통해 2TW의 전력을 공급할 수 있을 것으로 제안되었다(EuroAsia Interconnector 2017). 만약 이 프로젝트가 완성되었다면 최장거리 해저 송전 시스템을 구현했을 것이다. 설계 사양에 의하면 호주의 발전 시스템에서 공급되는 전력의 60% 미만이 싱가포르의 소비자에게 공급될 것으로 예상된다. 이는 공급 용량이 3.3TW이면 2TW가 송전되는 것이다. 이러한 손실은 육상/해상 풍력 단지와 소비자 사이에 안정적이고, 충분한 생산과 지속적인 공급을 하기 위해서는 피할 수 없는 것이다(스미스와 쉐르니카우 2022).

EEA 2009에서는 해저 케이블에 문제가 발생할 경우, 일반적으로 해저 송전선이 수개월 동안 작동되지 않는다고 언급한다. 유로-아시아 프로젝트와 같은 해저 케이블도 탁류의 영향을 받을 것이며, 이로 인해 유럽과 북미 간의 통신 케이블이 반복적으로 끊어졌다(Science Direct 2011).

소비자에게 '재생' 에너지를 전송하는 비효율적인 또 다른 중대한 측면은 디산티스 등(DeSantis et al. 2021)에 의해 강조되었다. 논문에서는 송전 선로를 이용한 에너지 전달 비용과 석유 제품이나 가스 형태의 파이프라인을 통한 에너지 전달 비용을 비교하고 있다. 그 전송 비용 차이는 상당히 크다. 액체 연료 파이프라인은 0.8~2.2US$/MWh/1,000마일의 전송 비용으로 에너지를 전송할 수 있다. 하지만 직류 전송 라인은 40US$/MWh/1,000 마일 이상의 비용이 들고, 이는 액체 연료 파이프 라인 전송 손실의 20배에서 50배까지 차이가 난다. 파이프라인, 기차 또는 선박과 같은 전통적인 방법을 사용하여 기존의 연료를 운송하는 것이 전기 송전선을 사용해 에너지를 전송하는 것보다 훨씬 더 효율적이다. "전기 송전 비용이 높은 이유는 기본적으로 가스 및 액체 연료용 파이프라인의 에너지 운반 용량에 비해 송전

선의 운반 용량(라인당 MW)이 낮기 때문이다. 전송 비용의 차이는 중요하지만, 잘 인식되지 않고 있다. 송전 비용은 다양한 재생 에너지 생산, 배전 및 활용 시나리오 분석에서 중요한 비용 요소로 고려되어야 한다."

전력 조절, 전력 변환, 네트워크 전력 주파수: 위에서 논의한 송전 및 배전의 손실 또한 명시되어야 하는 전력 전환 및 조절 손실에 추가 포함되어야 한다. 풍력 터빈은 전력 변환 및 전력 조절 또는 정류가 필요한 간헐적 교류(AC) 전기를 생산한다. 풍력 터빈의 교류 전류는 그리드에 직접 연결될 만큼 충분한 안정적인 전압, 주파수 또는 위상으로 생성되지 않는다. 일반적으로 해상 변전소는 개별 풍력 터빈의 전류를 정류하고 취합하여 육지로 전송한다. 풍력 발전소의 정류된 전기 출력은 그리드에 연결하기 전에 정확한 전압, 주파수 및 위상으로 변환되어야 한다. 전력 조절을 했더라도 대규모 송전망 내의 풍력이나 태양광 품질이 동일하지 않기 때문에, 이를 네트워크 전문가들은 깨끗하지 않은(unclean) 또는 더러운(dirty) 것으로 여긴다.

풍력과 태양광으로 전력을 생산하는 것은 상당한 변동이 있을 수 있으며, 초 단위로 달라질 수 있음은 이해할 만하다. 따라서, 조절용 전력(독일어 'Regelleistung')을 통한 균형 맞춤이 신속하게 이루어져야 한다. 그리드에서 풍력 및 태양광 발전이 더 많이 운영될수록 조절용 전력에 대한 수요는 높아질 것이다. 유의할 점은, 독일에서 최대로 허용될 수 있는 전력망의 주파수[2] 47.5Hz에 단 한순간이라도 이르지 못한다면 이는 필연적으로 정전으로 이어진다는 사실이다. 49Hz보다 낮

2 'Underfrequency'는 그리드 또는 전력 시스템에서 허용된 주파수보다 낮은 주파수를 가리키는 용어이다. 전력 그리드는 특정한 주파수 범위 내에서 안정적으로 운영되어야 한다. 만약 그리드의 주파수가 허용된 범위보다 낮아진다면 이는 그리드의 불안정성을 나타내며, 부하 감축(load shedding) 또는 전력 차단(power outage)과 같은 조치를 취해야 한다. 이는 전력 시스템의 안정성과 운영에 중요한 영향을 미칠 수 있다.

은 주파수는, 이미 부하가 감소(부하 차단[3])했다는 것이며, 달리 말하면 "전력이 선택적으로 차단되었다는" 것이다. 따라서, 조절용 전력은(풍력 및 태양광 발전과 같이) 변동성이 큰 요소에 의존하지 않고 항상 일정한 전력을 공급할 수 있는 석탄, 가스, 또는 수력과 같은 발전소로부터 제공된다(Bleich 2022, netzfrequenz.info).

법적 규제에 의해 풍력과 태양광 발전을 전력 그리드에 우선 공급함에 따라, 깨끗하지 않은 전기가 점점 더 많이 그리드에 유입되고 있다. 이러한 가변성 전류는 우선적으로 정류기와 인버터를 통해 그리드에 맞게 조절되어야 한다. 이 과정에서, 표준 주파수인 50Hz(유럽의 경우) 이상의 통제할 수 없는 '고조파(harmonics)'가 발생할 수 있다. 이러한 비정상적인 전기 신호는 열 발생으로 인한 전력 손실과 원치않는 돌발적인 부작용으로 이어질 수 있다. 한편, 공진으로 인해 통제할 수 없는 증폭 현상[4]이 발생할 수 있으며, 이는 단락(short circuits) 및 화재로 이어질 수 있다. 파괴적인 공진은 그리드(송전망) 내의 '전류불평형(unclean)'한 전기의 비율이 가능한 최소로 유지되는 경우에만 방지될 수 있다. 반면, 독일에서는 수십 년 동안 전류불평형한 교류 전류의 공급원이

3 부하 차단은 전력 그리드 또는 전력 시스템에서 부하를 감축시키는 조치를 가리키는 용어이다. 전력 그리드는 특정한 시간에 예상보다 더 많은 부하가 발생할 경우에는 과부하 상태에 놓일 수 있다. 이런 경우에는 그리드의 안정성을 유지하기 위해 부하를 일시적으로 감축시키는 조치가 필요할 수 있다. 일반적으로, 부하를 감축시키는 방법은 두 가지이다. 첫째, 부하를 '선택적으로 차단'하여 그리드에서 일부 전력 공급을 중단하는 것이 있다. 둘째, 일부 부하를 '강제 차단'하여 그리드로부터 전력을 차단하는 것이 있다. 이를 통해 그리드의 전력 수요를 일시적으로 감소시켜 안정성을 유지하고 그리드의 과부하 상태를 완화할 수 있다. 부하 차단은 전력 공급자나 그리드 운영자에 의해 조절되며, 전력 공급의 안정성을 유지하는 데 중요한 역할을 한다.

4 증폭 현상이란, 전기 그리드에서 발생하는 공진에 의해 발생하는 비정상적인 증폭 현상을 의미한다. 공진은 전기 그리드의 특정 주파수에서 고조파 혹은 고조파의 정수배 주파수가 공진 주파수에 맞물리게 되면 그 진폭이 증폭되는 현상을 말한다. 이는 전기 그리드의 안정성을 저해하고, 전기 설비에 과부하를 가할 수 있어 단락 및 화재와 같은 위험을 초래할 수 있다. 증폭 효과를 관리하고 제어하는 것이 전력 시스템 운영 및 설계에서 중요한 고려 사항 중 하나다.

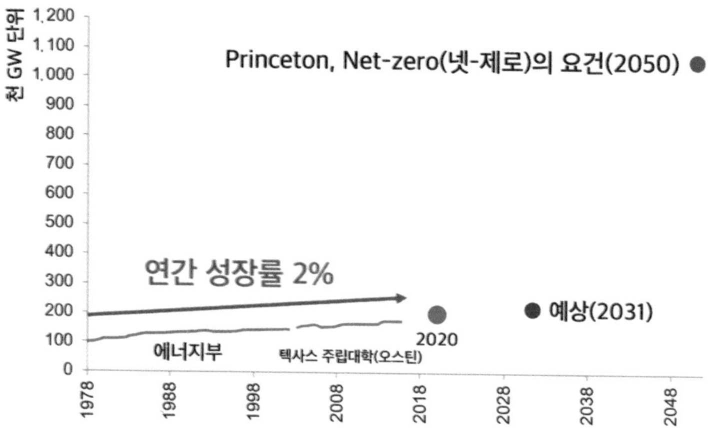

그림 12: '넷-제로'에 불충분한 미국의 송전 그리드의 성장

참고: 미국의 수천 GW 마일의 송전망은 1978년 이후 2% 증가

일정하게 증가하여 '교류 혼란'이 발생했다(그림 13, Gaertner 2022).

일반적으로 개별 풍력 터빈의 전기는 정류되고, 합산되며, 해상 발전소에서 육상으로 송전된다. 풍력 발전 단지로부터 정류된 전력은 그리드에 공급되기 전에 정확한 전압, 주파수 및 위상으로 변환되어야 한다. 참고로 장거리 전송의 경우 저항 손실을 제한하기 위해 전압이 증가한다. 송전선로를 통해 공급되는 전력(P)은 다음과 같다:

$$P = I \times V = I^2 \times R \quad (2)$$

높은 전압(V)은 전류(I)를 낮추고, 그 결과 저항(R)이 감소됨에 따라 송전선의 열과 전력 손실이 감소된다. 정류(변류) 및 뒤이은 전류 변환에 의한 손실은 풍력(육상 및 해상) 발전에서 생산된 초기 출력(raw electrical output)의 ~30% 가량의 왕복 손실[5]을 초래한다. 풍력 터빈에서 소비자에 이르기까지의 거리에 따라 육상 풍력의 손실[6]은 일반적으로 ~8~10%에 이르며 추가적인 전류 변환 및 인버터 손실은 피할 수 없다.

해상 또는 원격지의 육상 풍력 자원을 전송하는 송전선은 교류의 저항 손실을 방지하기 위해 초고압 직류 송전(HVDC)선이 필요하다. 캘리포니아처럼 비교적 짧은 거리조차도, 전력 조절과 송전 손실은 정류시에 15%, 인버터시에 15%, 송전에서 ~9%의 손실(World Bank 2018) 또는 풍력 발전 단지의 초기 생산 출력의 ~34%의 손실이 생긴다.

가변적인 '재생' 에너지 시스템은 훨씬 더 큰 규모의 전송 시스템과 전력 제어 설비 인프라가 있어야 한다. 프린스턴 대학의 '넷-제로' 경로에 언급된 필요한 송전망의 크기는 미국의 기존 송전망과 비슷하며, 이는 그림 12에 나타나 있다. 2050년까지 요구되는 송전망 규모에

5 왕복 손실은 에너지의 왕복(송전 및 수전) 과정을 가리키는 용어다. 풍력 발전소의 경우, 전기는 발전기에서 송전 케이블을 통해 전송되고, 소비자에게 전달되기 전에 변류기와 인버터 등의 장비를 거쳐 다시 송전 케이블을 통해 발전소로 돌아가는 과정을 의미한다. 이 과정에서 발생하는 에너지 손실을 왕복 손실이라고 한다. '수전'은 전기를 소비자에게 전달하기 위해 전기를 변환하는 과정을 의미한다. 대부분의 전력망에서, 발전소에서 생성된 전기는 높은 전압으로 송전선을 통해 전기 소비자들에게 전달된다. 그러나 소비자들이 사용하기 위해서는 저압으로 변환하는 과정이 필요하다. 수전은 변압기를 사용하여 전압을 변환하고, 필요에 따라 전류를 조절하며, 전기를 소비자들의 가정이나 산업용 장소에 전달하는 과정을 포함한다.

6 육상 풍력의 손실은 풍력 터빈에서부터 소비자에게까지 전력을 전달하는 과정에서 발생하는 전력 손실을 의미한다. 이 손실은 주로 전력이 송전선 및 전력망을 통해 이동하면서 발생하는 전기 저항, 무선 흡수, 변환기 손실 등으로 인해 발생한다. 'additional rectification and inverter losses'는 변류 및 인버터 손실을 의미한다. 풍력 발전소에서 생성된 전력은 주로 교류(AC) 형태로 생성되지만, 소비자에게 공급되기 전에 직류(DC)로 변환하고 다시 교류(AC)로 변환되는 과정에서 손실이 발생한다. 풍력 발전소에서 소비자에게 전력을 전달하는 전송 과정에서는 'onshore transmission losses'와 'rectification and inverter losses' 등 다양한 손실이 발생할 수 있다. 이러한 손실은 전력 시스템의 효율성을 감소시키며, 전력 회로 및 인프라의 효율성 향상을 위한 연구와 기술 개발이 중요한 이슈로 다뤄지고 있다.

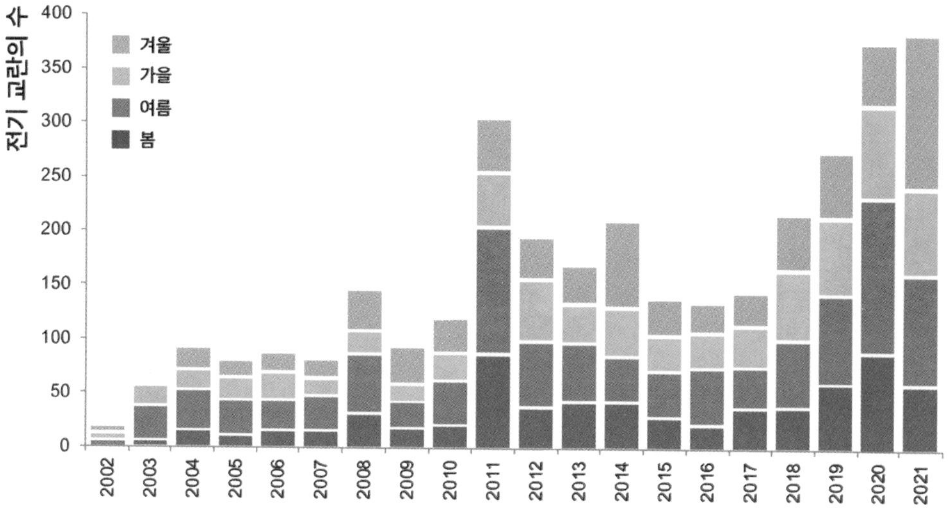

그림 13: 미국에서 보고된 계절별 전기 교란

도달할 가능성은 거의 없다. 만약 목표치에 도달했다면, 그러한 규모의 그리드(전력망)를 구축하는 데 필요한 에너지와 자재는 엄청날 것이지만, (그러한 자재나 에너지 소요 측면에서) 계산되거나 모델링되지도 않았다. 그와 같은 방대한 송전망에 따라 취약성이 증가하고 있다. 풍력 및 태양광 발전이 전력망에 더 많이 유입됨에 따라 교란 횟수는 증가한다. 2022년 JP Morgan은 그림 13에 나타나 있는 데이터를 기반으로 이에 대한 정보를 요약했다. 이러한 상황은 서방 국가의 가변적 '재생' 에너지의 챔피언인 독일은 그보다 더 심각하다고 예상된다.

자체가동력(Black start capability): 모든 발전소, 모든 풍력 터빈 및 모든 태양광 패널은 '시동(start up)'[7]할 수 있는 전기가 필요하다. 그리드(전력망)에서 전력을 공급받지 않고 가동될 수 있는 장치로, 완전히 자급자족되어 독립적으로 가동되는 것을 자체가동력(black start capability)이라고 한다. 이러한 기능은 일시적으로 전력이 감소하거나[8] 정전이 되었을 때 매우 중요하다. 대형 발전소의 자체가동력은 배터리를 통해 공급되며, 배터리는 디젤 발전기를 작동시키고, 디젤 발전기는 다시 대형 발전기를 가동시키는 데 사용된다. 풍력과 태양광의 경우에도 배터리와 디젤 발전기가 예외 없이 필요하다. 수력 발전소와 양수 발전소는, 예를 들어 수문을 개방하는 것과 같은 시동을 걸기 위한 아주 작은 양의 전력만이 필요하다.

독일의 경우 20세기 초반이나 그 이전의 역사, 또 구동독의 역사에서도 모든 발전소가 합리적인 근거하에 자체가동력(black start capability)을 갖추고 있었음을 확인할 수 있다. 1980년대에 들어오자 이러한 자체가동 설비는 경제적인 이유 탓에 구서독의 새로운 발전 설비에 항상 들어가지는 않게 되었다. 이로 인해, 독일 발전소들의 자체가동 설비는 시간이 지남에 따라 크게 감소했다. 풍력과 태양광의 경우 자체가동 설비가 아주 드물거나 거의 존재하지 않지만, 이것이 이론적으로 가능하다고는 한다. 풍력과 태양광의 유입이 증가함에 따라 그리드의

7 시동은 발전소, 풍력 터빈, 태양광 패널 등의 에너지 시스템이 가동되기 위해 초기에 필요한 과정을 의미한다. 이 과정은 보통 시스템의 운전을 시작하기 위해 필요한 초기 전력을 인가하는 것을 포함한다.

8 브라운 아웃은 전력 공급이 부족하여 전력이 일시적으로 감소하는 현상이다. 그리드의 전압이 일정 수준 미만으로 감소하여 전력 공급이 부족한 상태를 가리킨다. 브라운 아웃은 전력 수요가 공급보다 높을 때 발생하거나, 그리드의 기술적 문제, 자연 재해, 기술 고장 또는 유지 보수 작업 등의 이유로 발생할 수 있다. 브라운 아웃은 일시적으로 전력이 감소되지만, 전체적인 전력 공급은 중단되지 않는 경우가 많다. 따라서 브라운 아웃은 정전에 비해 전력 공급의 완전한 중단이 아니라 일시적인 감소를 의미한다.

안전성이 감소하고 정전에 이를 수 있는 위험성 또한 증가한다.

정전이 발생하면 전력망을 다시 천천히 '램프업'[9]되어야 한다. 이는 '독립적인 그리드(grid islands)'에서 이루어진다. 즉, 제한된 전력의 소비자[10]들은 발전소가 재가동되는 것과 함께 그리드에 연결되고 50Hz 전력 주파수의 안정성이 구축되어야 한다. 그리드가 안정적으로 유지되려면 수요와 공급이 항상 정확하게 일치해야 한다. 독립적인 그리드(grid islands)가 계속해서 50Hz로 유지되고 있다면, 다른 그리드 아일랜드와 연결되거나 병합되어야 한다. 이는 두 그리드가 완전히 동시에 일어나는 경우에만 동기화될 수 있다. 이러한 하위 네트워크의 동기화는 며칠 걸릴 수도 있다. 만약 병합할 하위 그리드 간에 동기화가 일어나지 않으면 발전기와 터빈에 손상이 발생할 뿐만 아니라 폭발이 일어날 수도 있다. 대형 터빈의 경우 주파수의 상승과 하락에 매우 민감하며, 기계적 공진이 발생할 수 있으며 이는 복구할 수 없는 피해를 초래할 수 있다.

9 램프업은 전력을 점차적으로 증가시키는 것이다. 여기서는 정전 이후에 전기망을 다시 가동하여 전력 생산량을 점차적으로 늘리는 과정을 의미한다. 이는 발전소나 전력 시스템이 정상 운영 상태로 돌아가기 위해 필요한 절차로, 전력 수급과 수요의 균형을 맞추는 과정을 포함한다.

10 여기서 제한된 전력의 소비자는 그리드 아일랜드에서 연결되는 전력 소비자들을 의미한다. 정전 상태에서는 전력 생산이 제한되므로, 그리드 아일랜드에서는 일부 소비자들만이 제한된 전력을 사용할 수 있다. 이는 전력 생산 및 소비의 우선순위를 정하는 것으로, 필요한 전력을 우선적으로 할당하여 전력의 효율적인 사용을 관리하고 전력망을 다시 가동하는 데 도움을 준다.

2.4. 에너지 저장

풍력과 태양광의 간헐성을 극복하기 위해서는 에너지 저장이 이루어져야 한다. 미래의, 효율적인 형태의 에너지 저장 방식은 개별 교통수단의 전기화를 보다 지속 가능하게 만들 수도 있다. 전기 용도에 따라 다음과 같은 세 가지 형태의 저장 방식을 구분하는 것은 중요하다.

a) 단기 저장, 초/분 단위의 균형 유지

b) 중기 저장, 일일 부하가 높을 때와 낮을 때의 균형 유지

c) 2~12주 이상의 장기 저장(Toke 2021). 이러한 저장 방식은 일반적으로 장기 에너지 저장(맥킨지 2021b)이라고 한다.

국제에너지기구(IEA)는 단기 저장 방식을 확장 유연성(램핑 유연성)이라 하고, 중간 저장 방식은 최대 용량/적정성이라고 한다(그림 33 참조). 독일의 경우, 루나우 등(Runau와 Quist 2022)은 1996~97년 겨울에 독일의 풍력 및 태양광 자원이 가장 낮았던 시점이었던 것을 기초로 다년간 간헐적으로 나타나는 부족을 분석했을 때 12주 이상 장기간의 에너지 저장이 필요할 것으로 추정했다. 2021년에는 북유럽 지역의 풍력 및 태양광 자원이 예상보다 낮은 양이었고, 이로 인해 유럽 전역에서 풍력 및 태양광 발전량이 감소하자 석탄 연소량은 전년 대비 18% 증가하였다.

장기 에너지 저장(Long Duration Energy Storage)은 '친환경' 에너지로 전환하는 중점 과제이다. 맥킨지는 '넷-제로' 경로의 일환으로 유입된 대규모 풍력 및 태양광으로 인해 2040년까지 모든 전기의 약 10%가 장기 에너지 저장(LDES)과 같은 시스템에 저장되어야 할 것으로 추정하지만, 이러한 저장 방식은 아직 존재하지 않는다. 에너지 저장에 대해 더 자세히 언급하기 전에, 에너지 정책 입안자들은 앞에서 언급한 바와 같이, 에너지 저장이 더 많은 풍력과 태양광의 효율적인 통합을 가능하게 하지만, 에너지 저장은 간헐성 외에도, 풍력과 태양열 고유의 물리적 난제를 결코 극복할 수 없다는 것을 이해하고 내재화하는 것이 중요하다(그림 8 참조):

- 포인트 2: 낮은 에너지 밀도/ 소요되는 면적(공간)
- 포인트 3: 식물과 동물 생태계에 대한 환경 파괴, 그리고 부정적인 기후 영향.
- 포인트 4: 낮은 에너지 효율
- 포인트 6: 짧은 사용 연한
- 포인트 8: 엄청난 자재 소모량
- 포인트 9: 재활용 과제
- 포인트 10: 전체 에너지 시스템에 내재된 총 에너지를 감안하면, 결과적으로 투자 대비 낮은 에너지 회수(eROI)로 나타남

그럼에도 불구하고 대형 전력망 규모에서 지속 가능하고 합당한 가격의 장기 에너지 저장 시스템의 해결책을 위한 탐구는 에너지 연구에서 선두를 차지하고 있으며 중요하다. LDES는 다른 형태의 모습으로 발전될 수도 있다(맥킨지 2021B):

- 화학적 방법: 화학적 결합을 통한 에너지 저장. 예) 수소
- 전기 화학적 방법: 서로 다른 화학 물질을 가진 배터리에 에너지 저장. 예)전기 화학적 흐름 배터리 또는 공기-금속 배터리

- 열적 방식: 고체나 액체 매체를 가열하여 나중에 이 열 에너지를 사용하는 방식 Power-to-Heat-to-Power(PtHtP)라고도 불림
- 기계적 방식: 운동 에너지나 위치 에너지를 이용하여 에너지를 저장하는 방식. 예) 중력 기반의 양수력 등

수십억 달러의 투자 자본과 수조 달러의 향후 투자가 이미 이루어졌음에도 불구하고, a)에너지 밀도, b)변환 효율성, c)수명, d)원자재 투입, e)재활용, 그리고 f)에너지 투입(eROI)과 같은 에너지 저장과 관련된 도전 과제들은 여전히 극복되지 못하고 있다. 실제로, 현재까지 제안된 시스템들은 기존에 충분히 개발된 기술들에 비해 상대적으로 기대를 받지 못하고 있는데, 이는 해당 시스템들이 가지는 물리적 현상이나 화학적 성질이 이미 그 한계점을 드러내고 있기 때문이다. 이러한 에너지 저장 문제는 앞에서 설명한 풍력 및 태양광 문제와 유사하지만 동일하지는 않다. 컨설팅 기업과 연구 기관들은 잠재적인 미래의 저장 솔루션에 대한 많은 보고서를 발표해왔지만, 현재까지 실제로 지속 가능하고 경제적인 그리드 규모의 저장 방법은 발견되지 않았다.

에너지 경제학에 의하면 모든 저장 시스템은 항상 복잡성을 가중시키고 에너지 변환을 필요로 하기 때문에(서문에 나와있는 열역학 제2법칙 참조), 어떤 저장 시스템이든 항상 에너지 회수 투자 비율(eROI)과 물질 효율성을 감소시킨다(3.3장 참고). 또한, 변환이나 저장에 따른 에너지 손실은 곧바로 효용성이 낮은(높은 엔트로피) 열로 나타나게 되어 이는 지구의 생태계를 온난하게 하고, 측정된 지구 온도 상승에 기여한다는 점을 유의해야 한다(Soon et al. 2015).

용융염 및 전력-열-전력 전환(PtHTP: Power-to-Heat-to-Power): 우리가 모든 저장 기술 방법에 대해 짚고 넘어갈 수는 없지만, 일반적으로 사용되고 있는 PtHTP와 용융염 저장 기술에 대해 몇 가지 언급하려고 한

다. 바우어 등(Bauer et al. 2021)은, 태양열 에너지라고도 알려진 집광형 태양열 발전(CSP)은 태양 복사 에너지를 집약해서 열을 생산하는 상용화된 기술이라고 요약했다. 집광형 태양열 발전(CSP)은 '재생 에너지' 설치 용량의 상당 부분을 차지할 것으로 예상되며, 파키스탄과 같이 태양이 풍부한 국가에서 화석 연료 기반의 화력 발전 기술을 대체하기 위해 '재생 에너지'로의 전환을 추진하는 국가에서 선호되고 있다. 실제로 쉐르니카우는 일사량은 높지만 전력망이 제 기능을 다하지 못하는 에너지 빈국에서 상업성이 있는 태양+용융염 설비를 개인적으로 방문한 적이 있다.

용융염 기술은 CSP 기술과 결합해서 몇 시간 정도의 에너지 저장은 가장 성공적으로 사용 가능하다. 그러나 용융염이나 전력-열-전력 변환은 단 서너 시간에서 최상의 경우 길게는 단 며칠간만 저장되기 때문에 장기 에너지 저장 문제를 해결할 수 없다는 것을 명심해야 한다. 그러나 카라발로 등(Caraballo et al. 2021)에 따르면 고온 열 에너지 저장 시스템은 가장 낮은 비용의 중기 에너지 저장 솔루션 중 하나인 것으로 보인다. 일부에서는 전력-열-전력 기술과 전력-가스-전력 기술을 결합하는 것을 고려하지만, 그렇게 하면 총 순환 효율은 급락하게 된다.

용융염 기술은 일반적으로 60wt%의 질산나트륨과 40wt%의 질산칼륨의 염 혼합물인 '태양염(solar salt)'[1]을 사용한다. 이는 약 1,300 달러의 톤당 비용이 소요되며, 약 500 MJ/mt의 저장 용량 또는 에너지 밀도를 가지고 있다(바우어 등, 2021년 및 카라발로 등, 2021년). 그러나 순환 효율의 추정치는 서로 다르다. 바우어 등(Bauer et al. 2021, p.543)은 용융염 또는 PtHtP의 순환 효율을 약 85%로 추정하는 반면, MAN Energy Solutions(2021년)는 최신 100MW 용융염 시범 사업 MAN MOSAS의

1 태양염은 concentrated solar power(CSP)에서 사용되는 염의 혼합물로, 염화나트륨 60%와 염화칼 40%로 구성된다. 이 혼합물은 CSP 시스템에서 열을 저장하고 전력을 생성하는 용도로 사용되며, 열 에너지를 저장하는 데 효과적인 물질로 알려져 있다.

순환 효율을 약 35~40%로 가정한다. 이는 연구자들이 종종 실제 실생활에서의 변환 또는 저장 효율을 과대평가하는 경우가 많다는 것을 보여준다. 유감스럽게도 정부 및 연구 기관들은 오늘날 현장에서 에너지 시스템을 운영하고 있는 엔지니어들과 충분한 상의도 없이, 전 세계적인 대규모 '넷-제로' 재생 에너지 시스템을 적용하는 모델에 이와 같은 이론적이고 비현실적인 모델 계산 방법을 적용하고 있다.

양수 및 양수 저장을 백업으로 사용하는 경우: 양수 저장은 전기를 사용하여 물을 저수지로 '퍼올리고' 나중에 전기를 생산하기 위해 필요할 때 '방출'하는 것을 의미한다. 물론 양수 저장을 위해서는 뉴욕, 워싱턴, 시카고, 베이징, 모스크바, 런던, 파리, 바르샤바 또는 베를린과 같은 대도시에서 멀리 떨어진 산악 지역에 접근할 수 있어야 한다.

노르웨이의 수력 발전 시스템은 독일과 유럽의 '재생' 에너지 시스템의 백업으로 광범위하게 논의되고 있다. 해저 케이블 NordLink(NordLink, 2020)와 이전의 NordNed 및 Nordger 등은 노르웨이의 수력 발전을 네덜란드 및 독일과 연결한다. 기대와 달리 이러한 연결은 두 나라의 '재생' 에너지 발전에는 미미한 백업으로만 간주될 수 있다. 노르웨이가 유럽에 어떤 잠재력을 가지고 있는지 살펴보도록 하자.

노르웨이의 수력 발전 시설은 세계 최고 중 하나이다. 노르웨이의 수력 에너지 저장 용량은 87TWh로, 연간 총 에너지 생산량 137TWh에 비하면 이는 노르웨이에서 소비되는 에너지의 95% 이상이다(NVE 보고서 2021). 이 수치는 연간 약 50TWh의 강수량이 보충되어야 한다는 것을 나타낸다. 노르웨이의 수력 예비 용량은 연도에 따라 60TWh 정도 차이가 나기 때문에, 노르웨이의 순 수출 용량은 쉽게 제로로 떨어질 수 있다.

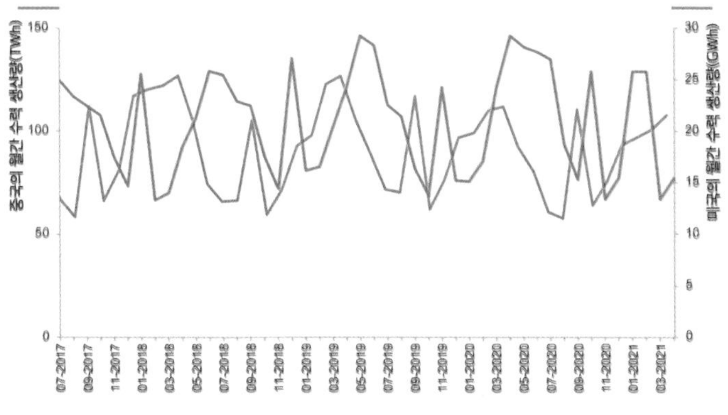

그림 14: 수력 에너지 출력의 높은 상관 관계

참고 : EIA를 기반으로 한 Statista[2]와 Plazak

노르웨이의 수력 발전 시스템이 노르웨이가 아닌 독일이나 유럽 국가만을 위해서 운영된다고 하더라도, 독일이나 유럽은 노르웨이의 수력 발전 시스템을 백업용으로 의존할 수 없다. '넷-제로 2050'이 성공적일 경우, 전력이 전송된다고 하더라도 단지 짧은 기간만 백업되어, 에너지 부족량은 EU 전체 에너지 소비에 해당될 것이며, 6배는 더 심각해질 것이다. 2022년 8월, 노르웨이 에너지 장관 테르예 아슬란드(Terje Aasland)는 "저수량이 심각하게 낮아지는 상황에서는 수출을 제한하는 방법을 고려하고 있다. 그렇다면 우리는 국내 에너지 소비를 대비한 충분한 전력을 확보해야 한다."라고 밝혔다(Montel 2022).

2 Statista는 독일의 독립적인 통계 및 시장 조사 플랫폼으로, 다양한 분야의 통계 데이터와 시장 조사 보고서를 제공한다.

그림 14는 백업용 수력 발전의 또 다른 심각한 한계를 나타낸다. 모든 풍력 및 태양광 '재생' 에너지와 마찬가지로 수력 발전으로부터의 백업은 강수량의 계절적 변화로 인해 전체 북반구(아마도 남반구에서도)에서도 계절적이다. 이 그림은 미국의 수력 발전량과 중국의 싼샤댐의 수력 발전량을 비교한 것이다. 생산량은 연중 같은 시기에 생산량이 많고 적음에 따라 일관성이 있게 변화하는 것으로 나타난다. 이는 20,000km 이상 전력을 전송하는 것이 가능해진다고 하더라도, 중국의 수력 백업이 낮은 시기에는 미국을 곧바로 도울 수 없다는 것을 의미하며, 그 반대의 경우도 마찬가지이다.

리튬이온 배터리에 대해: 우리는 소비자용으로, 이미 일회용 및 재충전용 배터리에 익숙하며 시간이 지남에 따라 자체 방전 되고 용량이 저하되는 배터리의 특성에 대해 알고 있다. 대체로 리튬이온 배터리(또는 EV에 사용되는 어떤 배터리든)는 낮은 에너지 밀도, 자가 방전, 원자재 투입, 재활용 문제 등으로 인해 장기 에너지 저장(맥킨지 2021b)의 해결책은 아니라고 여겨지고 있다. 하지만 단기 저장 방법으로는 고려되기도 한다. 그림 15에서는 현재 사용되는 리튬이온 배터리의 에너지 밀도와 석탄의 에너지 밀도뿐만 아니라 각각 소요되는 원자재량을 비교해 보았다. 배터리는 여러 번 충전 후 재사용 가능하지만, 석탄은 연소를 기준으로 한 번밖에 사용할 수 없다. 이것만 생각하면 배터리가 효율적인 것으로 보이지만, 실질적으로 비교했을 시 배터리는 석탄의 에너지 밀도에 현저하게 못 미치며 원자재 소모량도 엄청나게 크다는 것을 그림 15에서 확인할 수 있다(다음 2.5장의 수소와 탄화수소와의 비교 참조).

우리는 리튬이온 배터리만으로 독일 전력의 100%를 스페인에서 생산되는 태양광으로 공급하기 위해서는 이론적으로 무엇이 필요할 것인지 더욱 상세하게 계산해 보았다. 앞서 말했듯이, 독일은 EU 전체 전력의 15% 이상을 소비하고 있으며 전 세계 인구의 ~1%가 거주하고 있다. 배터리 저장 활용 계수가 1.7배이고, 보수적으로 DC/AC 변환 및 송전 왕복 손실을 30%로 계산할 경우 독일의 전력 수요와 배터리의 저장 요구 조건에 대한 결과는 다음과 같다(계산 및 출처에 관해서는 쉐르니카우와 스미스 2021 참조).

- 독일의 경우 동절기의 14일짜리 저장용 백업은 약 45TWh의 배터리 저장 용량이 있지만, 이용량은 적당하기는 하나 불충분하다. 앞에서 우리는 이용량을 전체 노르웨이 수력 발전 시스템과 비교해 보았다. 이는 한해에 연간 50GWh를 생산하는 약 900여 개의 기가(Giga)급 공장들이 배터리를 제조하는 데 필요하다는 것이다.
  a) 만약 배터리의 수명이 20년이라고 가정한다면, 영구적인 연간 배터리 교체를 수행하기 위해서는 약 45개의 기가 공장 또는 2.25TWh가 있어야 할 것이다(45TWh/50GWh/20년).
  b) 비교하자면, 배터리 교체만 해도 2021년 전 세계의 배터리 생산 용량의 0.6TWh를 4~5배 초과한다.
- 45TWh의 배터리 저장 용량을 구축하는 데 필요한 원자재는 70억~130억 톤에 달한다. 넉넉잡아 배터리 수명이 20여 년이라고 가정하면, 영구적으로 연간 0.4~0.7억 톤의 원자재가 필요하다. 독일의 경우 영구적으로 해마다 연간 2.25TWh 배터리를 제조하는 데 필요한 원자재는 다음과 같다.
  a) 전 세계 리튬 생산량의 약 6배(1GWh당 리튬 880톤, 2020년 생산량은 약 320,000톤, 중국에서 약 70% 생산).
  b) 전 세계 흑연 음극재 생산량의 22배(1GWh당 흑연 음극재 약 1,200톤, 2020년 생산량은 약 210,000톤, 약 80%는 중국에서 생산).
  c) 전 세계 코발트 생산량의 ~2배(1GWh당 코발트 ~100톤, 2020년 생산 약 120,000톤, ~80%는 중국에서 생산)

d) 전 세계 황산니켈염 생산량의 ~8배(1GWh당 ~800톤의 황산니켈염, 2020년 생산 약 230,000톤[3], ~60%는 중국에서 생산).

현재 정부는 '그린' 수소(H_2)에 초점을 맞추고 있으며 이에 대해서는 다음 소단원에 더 자세히 설명되어 있다. 화학 기반 또는 중력 기반의 저장 기술과 같은, 그러한 방법에 국한되지 않는 잠재적 저장 방법들이 연구되고 있지만, 기술 개발과 예상치 못한 긍정적 결과가 이를 바꿀 수 있다고 하더라도 향후 수십 년 내에 전력망 그리드 규모의 판도를 바꿀 것 같지는 않다. 엄청난 자금이 투자된, 수십억 달러 가치의 스위스에너지 볼트(SwissEnergy Vault) 사례는 그 유명한 '에너지 솔루션' 조차 환경적, 경제적 이익 문제를 가지고 있다는 것을 드러내 준 좋은 예이다(CleanTechnica 2022). 투자자들은 그러한 단점들을 알게 되면 곧바로 그 기술을 포기해버린다. 그렇게 되면 실패에 대한 논의가 거의 이루어지지 않는다. 아쉽게도, 많은 신생 기업들은 전체 가치사슬에서의 순 에너지 효율성을 무시하는 것에서 비롯되는 실패로부터 배울 기회를 놓치게 되고, 더 많은 투자자들의 자금이 낭비되고 만다.

수요 측면의 대응은 여기에서 다루지 않았다. 왜냐하면 수요 측면 대응은 저장 솔루션이 아니라 에너지 이용 최적화이기 때문이다. 이는 책임 있는 에너지 정책의 일부가 되어야 한다. 수요 측 대응은 부분적 저장(partial storage, 에너지가 부족한 시기에 EV의 충전 및 활용을 제한)[4]으로 이어질 수 있지만, 사회 전반적으로 작용하기에는 한계가 있다.

3 니켈 전체 시장은 크다(2,300만 톤 이상). 그러나 니켈 황산염을 리튬이온 배터리 용도로 생산하는 부분은 일부분에 불과하다.

4 부분적 저장이란 전체 저장 용량 대비 일부분의 용량만을 이용하여 에너지를 저장하는 것을 의미한다. 예를 들어, 에너지 부족 시 충전 및 전기차 이용을 제한하여 전기차 배터리의 일부분만 사용하여 에너지를 저장하는 것이 부분적 저장의 예 중 하나다. 이를 통해 에너지의 일시적인 저장을 실현할 수 있지만, 전체 저장 용량을 대체하기에는 한계가 있다.

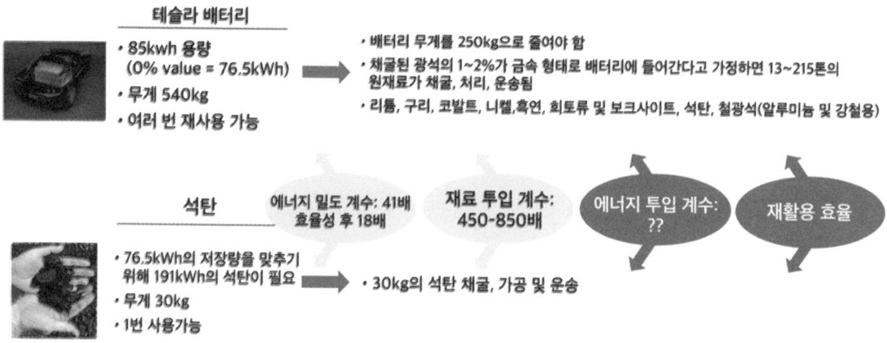

그림 15: 에너지 밀도 비교: 배터리 vs 석탄

(1) 석탄의 경우 kg당 5,500kcal라고 가정할 때, 76.5kWh를 생산하는 발전소 효율이 40%라면, 191kWh 또는 약 30kg의 석탄이 필요하다.
참고: 1kWh = 860kcal = 0.086kg oe = 3,600kj; 1kcal = 4,440kj.

에너지를 저장하기 위해 화석 연료나 원자력을 사용해서는 안 된다(예: blue 또는 gray 수소 형태). 화석 연료나 원자력은 탄소 포집 및 활용(CCUS) 기술과 병행하거나 단독으로 직접 사용하는 것이 더 나은 선택일 수 있기 때문이다. 왜냐하면 CCS 기술은 추가 저장 설비가 필요하지 않고, 환경과 경제적으로 더 지속 가능하며 에너지 손실을 줄이고 효율성을 높일 수 있기 때문이다. 보다시피 잘 알려지지 않은 이 사실은 매우 중요하다.

풍력이나 태양광 같은 과잉(만약 그렇지 않으면 사용되지 않는) 간헐적 '재생' 에너지는 논리적으로 미래의 장기적인 에너지 저장에 사용되어야 한다. 그렇지 않으면 '그린' 에너지는 곧바로 사용하는 것이 항상 더 경제적이다. 이 논리는 적은 온실가스를 배출하는 지열, 수력 또는 원자력 에너지에도 적용된다. 풍력과 태양광은 위에서 언급한 단점들로 인한 어려움이 있기 때문에, 어떤 장기간 에너지 저장 시스템도 실제로 에너지 문제를 해결하지 못할 것이다. 하지만 에너지 수요가 증가하지 않는다는 가정하에 실제로 지속 가능한 저장 방법은, 그 모든 단점에도 불구하고 풍력과 태양광의 사용과 분배를 최적화하고, 화석 연료의 연소량을 줄여 나가는 것이다. 강조하고 싶은 것은, 우라늄, 석유, 석탄, 천연가스 등 채굴된 에너지 연료는 단 한 번만 사용할 수 있는 장기 에너지 저장 시스템에 불과하다는 것을 알리고 싶다. 우리는 환경적, 경제적으로 실용적인 에너지 저장 기술에 관한 지속적인 기초연구를 지지하고 있음을 명백히 밝힌다.

2.5. 수소와 탄화수소와의 비교

수소는 지구상에서 가장 풍부한 10가지 원소 중 하나이다. 그러나 수소는 다른 원소와 결합되지 않은 독립된 상태로는 거의 발견되지 않는다(HC Group 2021). 오늘날까지, 아무도 분자 상태의 수소 원료를 직접 채굴하기 위한 심층 시추를 진지하게 제안하지 않았다. 수소는 항상 생산되어야 한다는 것을 의미하며, 생산을 위해서는 에너지가 필요하다. 따라서 수소를 에너지 운반체로써 활용하는 것은 많은 비용이 든다. 그림 18은 전기 분해와 수소-에너지 변환 기술(H_2-to-power technology)을 사용하여 수소를 생산하고 다시 수소 에너지를 '재충전'할 때, 대략 사용된 에너지의 약 60%가 손실된다는 것을 나타낸다. H_2의 운송이나 저장에는 추가적인 에너지가 필요하다. 운송과 저장을 포함한 총 순환 수소 저장 시스템은 입력 에너지의 80%에 달하는 '비용'을 초래할 수 있다.

수소 원자는 다른 원자와의 화학 결합에서 에너지를 받아들이고 방출하는 데 매우 반응성이 높기 때문에, 많은 화학 연료의 주요 에너지 운반체 역할을 한다(키퍼 2013). 게다가 수소는 가장 가벼운 분자이기 때문에 질량 에너지 밀도가 매우 높다(J/Kg). 반면 수소는 부피 에너지 밀도(J/L)는 매우 낮다. 부피 에너지 밀도가 낮다는 것은 H_2는 장거리를 경제적으로 운송할 수 없을 뿐만 아니라 장기간에 걸쳐 경제적으로 저장할 수 없음을 의미한다.

오늘날 H_2는 장기 에너지 저장에 대한 해결책으로 간주되거나 기대되고 있으며 향후 몇 년 동안 수조 달러의 자금을 유치할 것이다. 수십 년 동안 수소는 주로 산업적인 목적으로 생산되고 소비되어 왔다. 오늘날 전통적인 수소 경제의 규모는 수소의 용도에 따른 정의에 달려 있다. 콜롬비아(Columbia 2022)는 H_2의 부족한 통계에 대한 문제를 요약하고 있다.

일반적으로 수소는 세 가지 범주로 정의된다:

- 단계 1: 순수 수소의 수요. 대부분은 석유 정제 및 암모니아 생산(비료/식품 생산에 중요)에 사용되며, 2020년 기준 약 72Mt로 추정됨.
- 단계 2: 수소의 수요. 이는 순수 수소뿐만 아니라 철강 및 메탄올 생산에 사용되는 약 18Mt의 다른 기체와 혼합된 수소 포함, 총 약 90Mt.
- 3단계: 총 수소 수요. 이는 순수소와 다른 가스와 분리되지 않고 산업용으로 사용된 약 45Mt(이전의 단락에서 언급한 18Mt 포함)의 추가 용량, 추정치는 약 120Mt.

오늘날의 수소 생산 공장은 크게 세 가지로 나눌 수 있다:

- 자체 생산 시설(captive production facilities): 수소 공장의 자체 소비를 위해 현장에서 수소 생산
- 판매용 생산 시설(merchant production facilities): 수소를 외부에 판매
- 부산물 생산(byproduct production): 수소가 다른 공정(예: 염소 알칼리 생산)의 부산물인 경우

키퍼(키퍼 2013)는 탄소가 우수한 에너지 운반체이자 연료 성분인 또 다른 경량 원소임을 강조한다. 주로 탄소로 이루어진 석탄은 산소와 연소하여 에너지를 발생한다. 수소에 관해서는, 탄소는 화학적으로 매우 놀라운 역할을 한다. 탄소가 수소와 결합하면, 탄소는 매우 다양하고 강력한 탄화수소 가스 및 액체 연료를 형성한다. 이는 일반적인 상온 및 압력 상태일 때 탄소의 비율이 높을수록 고체가 형성되고 비율이 낮으면 가스로 형성된다(부록 참조). 탄소는 수소 원자들을 훨씬 밀집시키는 기능을 하기도 한다. 이러한 작용은 가솔린과 옥탄이 순수 액체 수소에 비해 ㎥당 수소 원자 수가 60% 이상 더 많이 포함되어 있는 이유를 나타내기도 한다.

탄소는 그 자체의 상당한 에너지를 혼합물에 추가하기 때문에, 가솔린은 액체 수소에 비해 체적 에너지 밀도(J/L)가 약 3.5배 더 높고, 수소 에너지를 사용하는 자동차용으로 구상된 것과 같이, 압축 수소보다 밀도가 ~7배나 더 높다(그림 16). 단 소수의 고체 연료만이 가솔린보다 높은 체적 에너지 밀도를 갖고 있으며, 이는 휘발유가 운송에 광범위하게 사용되고 있는 이유이다. 탄소를 첨가하게 되면 수소는 약 -250°C(20K)에서만 액체가 되는 저밀도 폭발성 가스에서 가솔린, 디젤 또는 기타 석유 제품(CxHxOx)과 같은 취급하기 쉬운 상온 탄화수소 액체로 변환된다. 이러한 탄화수소는 수소가 단독으로 존재할 때보다 에너지 밀도가 3배 이상 높다(키퍼 2013에서 자세한 내용 참조).

따라서, 탄화수소 연료는 생산, 저장, 운반 및 사용이 편리하지만 소비용 H_2는 생산, 처리, 저장 또는 운반이 매우 어렵고 에너지 집약적이며 매우 폭발적이다. 현재 알려지지 않은 H_2 또는 H를 함유한 매체에서 탄화수소 연료의 효용성을 복제할 수단이 발견되기 전까지, 수소는 경제적으로나 환경적으로 '재생' 에너지의 저장 문제를 해결할 수 없다. 주기율표에서는 탄소를 대체할 만한 새로운 원소를 발견할 가능성이 높지 않다는 것을 보여준다. 따라서 우리는 H_2의 체적 밀도를 증가시키는 방법을 찾아 탄소의 역할을 대체할 다른 방법을 발명해야 한다.

"탄소가 없다면, 우리는 수소를 다루는 이상적인 도구로서 탄소를 발명해야 할 것이다."(키퍼 2013, p.117)

수소의 낮은 체적 에너지 밀도, 생산에 들어가는 높은 에너지 비용, 높은 인화성과 운송 비용 등은 H_2를 광범위하게 사용하는 데 장애가 되고 있다. 이는 오늘날 산업용 H_2의 1억 톤 이상이 생산지 근처에서만 활용되고 수송되지 않고 있는 이유이다. 압축된 H_2를 저장하기 위해서는 실린더가 취화되지 않도록 수소가 투과하지 않는 물질로 표면 처리된 내구성이 강한 저장용 실린더가 있어야 한다. 수소 취성은 철강 및 합금에 영향을 미치고 있으며, 이는 모든 수소의 운송에 있어 매우 심각한 문제로 다뤄지고 있다. Cairney, Hutchinson, Preuss, Chen 교수들이 요약하듯이 "수소 취성[1]은 매우 복잡한 재료과학적 및 공학적 문제"이다(Cairney-RerewEconomy 2021).

게다가 압축이나 액화 및 운송에도 더 많은 에너지와 원자재가 요구된다. 독일 정부의 자문위원이며 독일의 '그린' 에너지 전환을 지지하는 독일 에너지 경제학자 켐페르트 교수는, "H_2 생산은 재생 에너지를 그대로 사용하는 것보다 3~5배나 더 많은 에너지가 소모된다."라고 지적하며, 수소는 귀중한 자원이며 "에너지 시스템의 샴페인"으로 여겨져야 한다고 언급한다(켐페르트 2021). 수소를 생산, 운반, 저장 및 사용하는 과정에서 사용되는 에너지 비용은 전체 입력 에너지의 65~80%에 해당하며 이는 우리의 분석과 일치한다.

보셀(Bossel 2009) 등은 약 200기압의 압력 탱크를 이용해서 40톤짜리 트럭이 운송할 수 있는 메탄의 양은 약 약 3.2톤에 달하는 반면, H_2

1 수소 취성은 일부 금속 및 합금에 영향을 미치는 현상으로, 수소가 금속 구조 내로 침투하여 금속의 강도와 인성을 저하시키는 현상을 가리킨다. 수소 취성은 수소가 금속 구조 내에서 결합하거나 확산하여 결정 격자를 변형시키고 금속의 결합력을 약화시키는 결과를 초래한다. 이는 금속 부품이 파손이나 파괴되는 원인이 될 수 있으며, 따라서 수소 취성은 공학적 설계 및 재료 선택에서 고려해야 하는 중요한 요소이다.

는 320kg밖에 운송할 수 없다고 결론 내렸다. 이는 H_2의 낮은 체적 밀도와 압력 탱크 및 안전장치의 무게 때문이다. 파이프라인을 통해 H_2를 운송하는 데는 같은 양의 천연가스를 운송하는 데 드는 에너지보다 약 4~6배나 더 많은 에너지가 필요하다. 이미 언급한 바와 같이, 천연가스 수송관은 H_2 수송으로 인한 어려움이 있을 수 있다. 이는 초경량의 휘발성이 높은 H_2가 쇠로 된 파이프라인으로 스며들어 관을 취약하게 만들고 고장률이 높아질 수 있기 때문이다. 연구개발을 통하여, H_2를 흡수한 다음 소비할 수 있도록 방출하는 뛰어난 H_2 '스펀지' 역할을 하는 수소 저장 물질 개발을 진행함으로써, 위에 언급한 단점들을 극복할 수 있을 것이다.

사우디아라비아의 ACWA를 비롯한 많은 기업은 수소의 운송 부담을 완화하기 위해 H_2와 암모니아를 결합하여 생산할 계획이다(Air Products 2021). 우리는 이 하이브리드 H_2-NH_3 개념을 평가하지 않았지만, 추가적인 에너지 변환은 다시 에너지 손실을 야기하여 지구 생물권의 기온을 상승시키게 되므로 이는 원자재부터 제작된 추가적인 가공 장비가 필요하다는 점을 강조한다. 오늘날, H_2는 거의 대부분 화학적 시약(예:연료가 아닌 비료 생산용)으로 H_2 생산지와 가까운 지역에서 사용되고 있다. 오늘날의 수소의 98% 이상은 '탄소 제거' 기술 없이 화석연료에서 생산되고 있다(HC Group 2021).

나미비아의 3GW 전해조는 수소 '메가 프로젝트'의 한 예로 연간 30만 톤의 H_2(H_2-View 2021)를 생산하게 되어있다. 94억 달러 규모의 이 프로젝트는 2026년에 가동될 예정이다. 이 프로젝트의 전체적 전망은, 오늘날 1억 톤이 조금 넘는 전 세계 수소 생산량의 0.3% 미만을 생산할 계획이다. 또 다른 예는 미국 스타트업인 GHI(Green Hydrogen International)에서 발표한, 텍사스 남부의 인구 밀도가 낮은 지역에서 풍력과 태양 에너지를 이용하는 60GW 또는 250만 톤의 '재생' H_2 프로젝

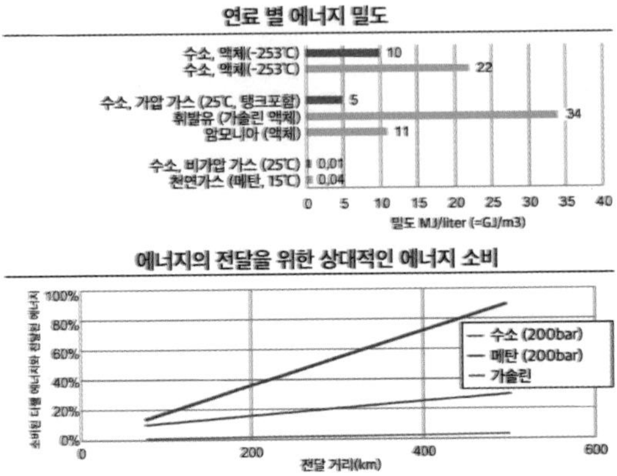

H_2는 메탄보다 8배 가벼워 H_2를 200bar로 압축하기 위해 에너지 함량의 ~9%가 손실된다.
메탄을 가압할 때 ~2.5%가 손실된다.
H_2는 합성 에너지 운반체이다. H_2를 생산, 압축, 액화, 운송, 이동 또는 저장하려면 고급 에너지가 필요하다(대부분의 경우 이 에너지는 풍력이나 태양열을 통해 최종 사용자에게 직접 분배될 수 있다.)

그림 16: 수소, 가솔린 및 천연가스의 체적 에너지 밀도

(1) 디젤은 가솔린보다 약간 더 높은 체적 에너지 밀도를 가지며, 38MJ/l이다

참고: 수소 거래에서 중량당 가열값[2]은 거의 관련이 없다. 연료 탱크에 들어갈 수 있는 체적량은 항상 제한되어 있다. 따라서 모든 실질적인 평가는 중량 에너지 밀도가 아닌 부피로 측정 해야한다.

참고 2: 높은 가열값(Higher Heating Value) 및 반올림 된 중량 에너지 밀도(gravimetric energy density)의 에너지 밀도: 수소 액체 또는 비가압 가스: 1kg당 140 MJ, -160℃에서 액화 천연가스(LNG): 1kg당 55MJ, 수소 압축(탱크 포함): 1kg당 7MJ, 가솔린 및 디젤: 1kg당 46MJ, 암모니아(액체): 1kg당 19MJ, 천연가스(메탄, 15°C): 1kg당 54MJ

참고 3: 압축된 H_2의 경우, 고압 탱크에 담을 수 있는 수소의 무게보다 고압 탱크의 무게가 훨씬 더 무겁다. 수소는 전체 질량의 약 ~6%이며, 발열량은 총 질량 7MJ/kg에 불과하지만, 순수 수소 가스는 140MJ/kg이다.

2 'Gravimetric heating value'는 연료의 단위 질량당 가열값이나 열량을 나타내는 지표이다. 일반적으로 MJ/kg 또는 kcal/kg로 표시된다. 이 값은 연료가 단위 질량당 얼마나 많은 열을 생성하는지를 나타내는 것으로, 연료의 화학적 구성과 에너지 내용에 기반하여 계산된다. 그러나 수소의 경우, 중량당 가열값(gravimetric heating value)은 수소의 에너지 밀도를 평가하는 데 제한이 있다. 수소는 매우 가벼운 원소이므로, 같은 질량의 수소는 다른 연료와 비교했을 때 상대적으로 적은 열을 생성한다. 따라서 수소의 에너지 밀도를 평가할 때는 주로 체적 에너지 밀도(volumetric energy density)가 더 유용하게 사용된다.

트이다. 2026년까지 최초의 2GW 또는 ~80,000톤(GHI의 총 계획 용량의 약 3%)을 온라인으로 구축할 계획이다. 자체의 소금 동굴을 이용하여 GHI는 일론 머스크의 SpaceX(이하 스페이스X)용 청정 로켓 연료를 생산할 계획이다. "소금 저장소에 대한 접근성은 전해조를 최대한 활용할 수 있고 가변적인 풍력 및 태양(에너지) 생산과 소비자에게 그린 수소를 최종 공급하는 사이의 완충 역할을 하기 때문에 그린 수소의 생산 확장에 매우 중요하다."(Collins 2022a) 말할 필요도 없이, 스페이스X에 사용될 이 '그린(친환경)' 수소는 기존의 화석 연료 인프라를 대체하기 위한 것이 아닌, 우주 여행을 위한 추가적이고 점차 증가하는 에너지 수요에 사용될 것이다.

플라츠(S&P Platts 2021)는 글로벌 전해조에 관한 데이터베이스를 보유하고 있으며 2021년 말의 전 세계 '저탄소' 전해조 처리 용량은 약 200만 톤으로 집계되었다. 이 처리 용량은 2030년까지 2,300만 톤 이상으로 증가할 것으로 예상된다. IEA의 '넷-제로/탄소 제로' 경로는 2050년(IEA 넷-제로 2021)이면 연간 H_2 요구량이 5억 톤 이상일 것으로 예상하고 있다. 이는 S&P에서 2030년에 예상하는 것보다 20배 이상 높은 수치이다. 그러나, 심지어 5억 톤도 충분하지 않을 수 있다. 가장 최근에 발표된 IRENA 2022 및 맥킨지 2022b의 '약속 달성' 시나리오에서는 2050년까지 6억 톤의 '청정' 수소를 생산할 것으로 예상한다. 맥킨지는 2050년에 전 세계 전력의 28%가 '그린(친환경)' 수소를 생산하는 데 사용될 것으로 추정하고 있다. 모든 '친환경' H_2는 세계의 한 지역에서 다른 지역으로 운송되어야 한다(2.2장 용량 계수 참조). 유럽의 기후 책임자 티머만(Frans Timmerman)은 2022년 5월, "유럽은 결코 충분한 양의 수소를 자체적으로 생산할 수 없을 것"이라고 시인했다. 다시 말하면, 수소는 상당한 장거리에 걸쳐 수송되고 수입되어야 하므로, 앞서 설명한 바와 같이 상당한 에너지 비용이 발생한다(Collins 2022b).

H_2 운송: H_2의 생산, 수송 및 소비와 관련된 비용 및 손실 외에도 H_2는 CO_2보다 33배 더 높은 지구 온난화 잠재력(GWP 20)을 갖고 있다(Derwent et al. 2006, Recharge News 2022b). 사라지기 쉬운 H_2는 '넷-제로'의 시행하에 빠르게 증가할 것이고, 불가피하게 방출되는 H_2로 인해 지구 온난화의 잠재력은 높아질 것이다.

이전에 언급한 바와 같이, 풍력 및 태양광과 같은 단지 과잉이거나 그렇지 않으면 사용되지 않는 간헐적 '재생' 에너지들은 논리적으로 그리드 저장 목적의 H_2를 생산하는 데 사용되어야 한다. 그렇지 않으면 '그린' 에너지를 직접 사용하는 것이 항상 더 경제적이다. 그러나 이러한 논리와 달리, 2022년 1분기에 세계 최초의 수소 운반선이 탄소와 산소 그리고 고온 고압에서 생성된 스팀과 반응시켜 생산된 호주 수소를 싣고 호주를 출발 일본으로 향했다(Paul 2022, 그림 17 참조). H_2는 항만부지로 운반되어 -253°C로 냉각되어 액화시킨 후 수출된다. 이 3억 6천만 달러의 '석탄에서 수소로' 프로젝트는 '더 깨끗한' 에너지로의 전환과 탄소 배출 감소를 위한 방안으로 일본과 호주에서 후원받고 있지만, 수소를 생산하기 위해 석탄을 사용했을 때 배출되는 탄소가 어떻게 되는 것인지에 관한 의문은 여전히 해결되지 않은 채 남아 있다.

우리는 벤처 파트너의 환경 및 경제 논리에 의문을 제기한다. 파트너들은 최대 225,000톤의 수소 p.a(현재 전 세계 H_2 생산량의 0.2% 또는 IEA 넷-제로 2021에 따른 '필수' 수소의 0.04%)를 생산하려는 목표를 갖고 있다. H_2를 연료로 선적하는 것은 H_2의 가치사슬에 매우 중요하며, 이번 선적은 시험적 프로젝트로 성공적이었다. 하지만 진공 용기는 새로운 기술이 아니기 때문에 H_2의 하루당 손실이 100배 향상되었다는 주장에는 의문을 제기한다(Recharge News 2022a). 해상 운송에 사용되는 진공 단열 탱크(듀워)는 비등 온도를 높이고 기화 속도를 늦추기 위해 가압되었을 수 있다. (하지만 탱크의) 운용에 대한 세부 사항이 명시되어 있지 않다. 해당 선박이 호주에서 액화 H_2를 적재하는 동안 화재가 발생했으나 이에

그림 17: 2022년 최초의 호주 액화 H_2 캐리어(운송선) 도착

대한 보고는 이루어지지 않았다. 누출 H_2를 제거하는 간단한 절차는 H_2O만 생성하는 누출 H_2를 소각하는 것이다. 이 경우 화재 위험이 너무 클 수 있다. 선박이 항해하는 동안 H_2는 터빈 연소 엔진이나 연료 전지에서 추진력으로 사용될 수 있다. H_2를 생산하기 위해 석탄이나 사용 가능한 에너지 자원을 사용하는 것은 환경적 또는 경제적으로 의미가 없다. 이는 다른 곳에서는 사용할 수 있는 에너지를 낭비하는 것이다. 전력 생산을 목적으로 소위 블루 또는 그레이 수소를 사용할 경우, 에너지 효율은 감소되고 따라서 부정적인 환경 부담이 증가한다(그림 18). 실제로 이러한 프로젝트는 전 세계적으로 심각한 에너지 위기에 직면했을 때 절실하게 필요한 에너지를 고갈시킨다(4.2장, 4장의 각주 1 참조).

'수소 스펀지'로 알려진 것과 관련하여 최근 몇 년 동안 상당한 연구가 수행되고 진전이 이루어졌다(Morris et al. 2019 및 NU 2020). 일부 연구 결과는 H_2 중량의 8%에 도달하는 것으로 나타났다. 사용되는 재료는 전이 금속 및 금속용 지지체로서의 탄소 격자와 같이 상대적으로 저렴하고 풍부한 것들이다. 그리 멀지 않은 미래에 수소 스펀지는 H_2를 더 밀도 있게 저장할 수 있는 적합한 매체가 될 수 있으며, 리튬이온 배터리 저장에 대해 잠재적으로 실행 가능한 대안을 제시할 수 있다. H_2 포접 화합물(clathrates)[3]을 사용하는 것은 H_2의 저장 및 운송이 더욱 효과적이고 저렴해질 수 있는 또 다른 잠재적 방법이다. 지금까지, 이 방법은 그와 같은 수준의 주목을 받지 못했지만 많은 장점이 있을 수 있다(Gupta et al.2021). 이 수소 저장 방법은 낮은 에너지양과 압력, 더 높은 온도에서의 안정성을 제공하는 메탄, 물 및 기타 물질을 사용할 수 있으며, 예를 들어 수소를 암모니아에 수송하는 것과 비교하여 덜 위험한 메트릭스 저장이다.

약 3/4의 에너지는 생산, 운송, 저장 그리고 수소를 사용하는 중 손실되며, 이 손실된 에너지는 높은 엔트로피(고엔트로피)로 인한 열로 인해 지구의 생물권을 온난화시키며 전반적인 에너지 시스템에서의 에너지 효율을 감소시킨다(그림 18). 이러한 높은 엔트로피의 폐열과 에너지 비효율성은 주로 간헐적이고, 에너지 투자 회수율(eROI)이 낮은 풍력과 태양 에너지원에서 '그린' 수소를 생산할 때 발생한다. 그와 동시에 우리는 명백히 폐기물에서 에너지를 생산하는 것과, 타당성이 있다면 폐기물에서 수소를 생산하는 기술과 투자도 지지한다. 인간이 배출

3 포접 화합물은 분자 격자 구조 안에 다른 분자나 이온이 포접되어 형성되는 화합물이다. 특히 수소 포접 화합물은 수소 분자가 얼음과 같은 격자 구조 안에 포착되어 형성되는 화합물이다. 수소 포접 화합물은 주로 심해 바닥에 있는 해저 퇴적물에서 발견되며, 저온과 고압 환경에서 안정하게 존재할 수 있다. 수소 포접 화합물 에너지 자원으로의 관심을 끌고 있으며, 수소를 보관하고 운반하는 용도로 활용될 수 있는 잠재적인 수소 저장 매체로 간주되고 있다. 수소 포접 화합물의 상태 변화 및 안정성에 대한 연구는 진행 중이며, 상업적으로 활용하기 위해서는 기술적, 경제적, 환경적인 도전이 존재한다.

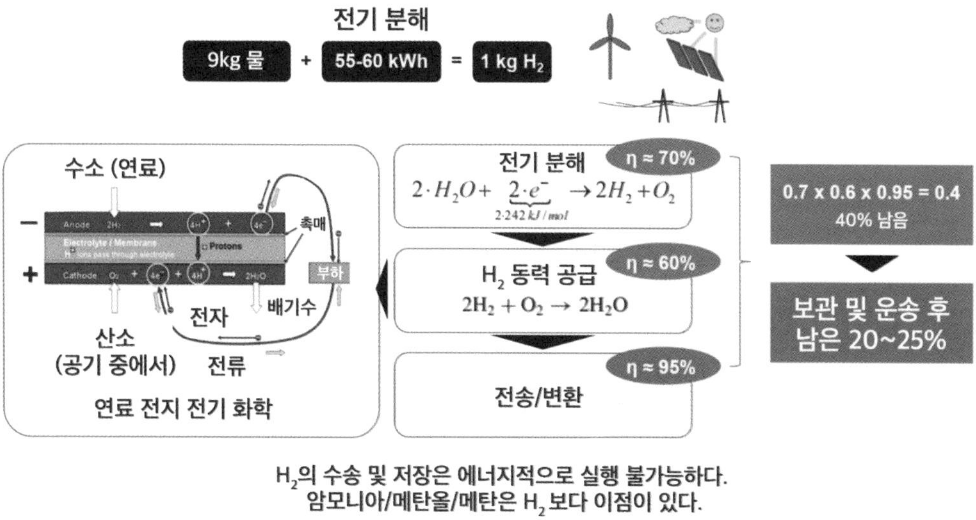

그림 18: 수소 전기 분해 및 메탄화

참고: 메탄화는 30~40% 효율을 가지며, 메탄의 연소 효율은 약 45~50%이다.
따라서 메탄화의 경우 전체 효율은 약 12%로 떨어진다.

하는 폐기물(쓰레기)은 우리 사회가 직면하고 있는 가장 큰 과제 중 하나일 것이다. 인구의 규모와 생활 수준이 상승함에 따라 인간이 배출하는 폐기물에서 에너지를 회수하고 재활용하는 것은 더욱 중요해지고 있다. 하지만, 폐기물(쓰레기)은 항상 가연성 물질로만 구성되어 있는 것이 아니며 많은 독성 오염 물질을 포함하고 있다. 열 함량은 종종 탄화수소 및 바이오매스 연료에 비해 적고 재활용에는 에너지가 필요하다.

2.6. 재료 투입과 내재 에너지

에너지 시스템에서 자원의 효율성은 환경적 측면의 주요 고려 사항이다. 더욱 효율적인 자원의 이용은 인류의 목표임이 틀림없다. 우리가 생산하는 모든 것과 소비하는 모든 것은 근본적으로 채굴되거나 재배된 '원자재'에서 유래한다. 생물성 미네랄(Grown minerals)[1]은 다시 자랄 수 있고 채굴된 광물처럼 유한하지 않기 때문에 '재생 가능한' 것으로 간주되며, 여기에는 진리가 있다. 하지만 생물성 원자재(grown materials)의 소비 속도는 생물성 원자재가 다시 보충되는 속도에 의해 제한을 받는다. 흔히 바이오매스(생물 자원)가 인류의 원자재 수요를 충당할 만큼 증가할 수 있다고 제안하는 것은, 유기 탄소의 전 세계 총 생산량과 비교해보면 일치하지 않는다. 그러한 수치는 생태학과 태양 에너지의 투입량에 의해 고정되어 있다.

1 생물성 미네랄은 생물에 의해 생성되는 미량 미네랄이며, 주로 생물체 내부의 생리적 과정을 통해 미세 입자 형태로 형성된다. 이러한 미네랄은 생물체의 성장, 구조 형성, 대사 활동 등에 필요한 요소로 사용된다. 예를 들어, 식물이 지하로 성장하면서 뿌리가 토양으로부터 영양분과 물을 흡수할 때 일부 미네랄이 함께 흡수될 수 있다. 이렇게 흡수된 미네랄은 식물의 생체 내에서 활용되어 성장과 대사 과정을 지원한다. 생물성 미네랄은 생물체와 생태계에 중요한 역할을 하는 동시에 지속 가능한 자원으로 간주될 수 있는데, 산호, 규조토, 생석회 등이 그 예시이다.

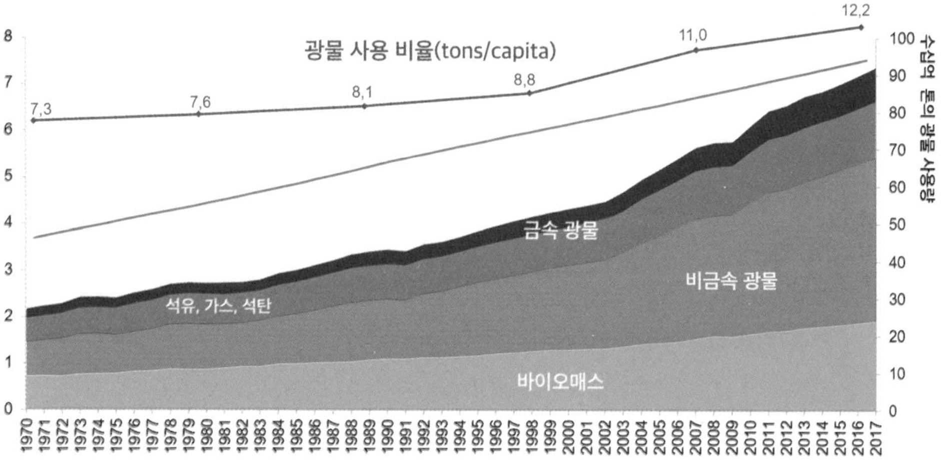

그림 19: 1970년부터 2017년까지 전 세계 생물성 재배 및 채굴된 광물질

그림 19는 오늘날 인류가 생존하려면 거의 1,000억 톤의 광물과 생물성 미네랄이 요구됨을 나타낸다. 1인당 물질 소비는 지속적으로 증가해 왔으며, 이는 주로 빈곤 감소에 기여한 바가 크다. 에너지는 어떻게 빈곤을 근절하고 동시에 물질적 효율성을 향상시키는 데 기여할 수 있을까? 전통적인 화석 에너지 원자재는 전체 채굴된 광물의 약 15%를 차지하며 이는 전 세계의 1차 에너지의 80%를 공급한다.

그림 19에는 바이오매스(생물 자원)가 포함되어 있다. 이는 재배, 수확, 가공 및 재배된 (생물성) 미네랄을 운송하기 때문이다. 대부분 이를 '재생 가능'하다고 여기지만 이 또한 에너지, 기계, 노동력과 공간이 필요하고 이는 다시 환경에 부정적인 영향을 미친다(순 에너지 효율성 또는 에너지 회수-eROI에 대한 논의는 3.2장 참조). 우리가 재배하는 바이오매스는 주로 가축과 전 세계 인구를 먹이는 데 사용되지만, 에너지 생산에도 점점

더 많이 사용되고 있다. 독일은 전기의 약 7-8%를 바이오매스에서 생산한다.

채굴된 광물이나 원자재는 땅에서 채굴되어 일반적으로 운송된 후 소비되기 전에 가공된다. 석탄은 소비 전 가공 없이 바로 연소 가능한 몇 안 되는 원자재 중 하나이다. 그러나 주목해야 할 점은 오일, 석탄, 가스 등은 인간의 현대 생활 시스템의 중심에 있으며, '그린' 에너지 전환 그 자체에 소모되는 것을 포함하여 오늘날 소비와 서비스용을 생산하는 데 요구되는 투입 에너지의 3/4 이상을 제공하고 있는 점이다. 그러한 것들(석탄, 오일, 가스)은 그림 19에 나타나 있는 나머지 약 85%의 미네랄과 원자재들, 즉 바이오매스, 비금속 및 금속 미네랄들을 채굴, 가공, 운송을 향상시키며, 이는 그러한 소비재들의 물질적 기반을 형성하게 된다.

우리가 일반적으로 원자재의 투입에 대해 이야기할 때, 흔히 철강, 구리, 시멘트, 유리, 알루미늄 또는 실리콘 등을 기본 원자재로 간주한다. 이러한 제품들은 철광석, 석탄, 석회석, 실리콘, 보크사이트, 석영석 등과 같은 채굴된 원자재에서 처음으로 생산된다. 이러한 원자재를 '기본 원자재'로 가공하는 데는 에너지가 필요하고, 이때 들어가는 에너지를 내재된(때로는 내장된) 에너지라고 한다. 케임브리지 연구원 올우드와 컬렌의 저서 『Sustainable Materials without the Hot Air 2015』에서는 내재된 에너지의 개념에 대해 요약하고 있다. 그림 20은 특정 산업 원자재의 내재 에너지를 나타내고 있으며, 알루미늄은 철강 생산보다 톤당 5배나 더 많은 에너지가 소모됨을 보여준다. 우리가 지향해야 할 방안은, 그림 19에 나타난 것처럼 원자재를 생산하는 데 더 많은 원료를 소모하는 대신 생산에 들어가는 에너지 자체를 줄일 수 있도록 새로운 기술력을 개발하는 것이다. 그림 20은 이러한 원자재를 생산하는 데 들어가는 원료가 아니라, 생산을 위해 소모되는 에너지만을 나타낸 것임에 주목해야 한다.

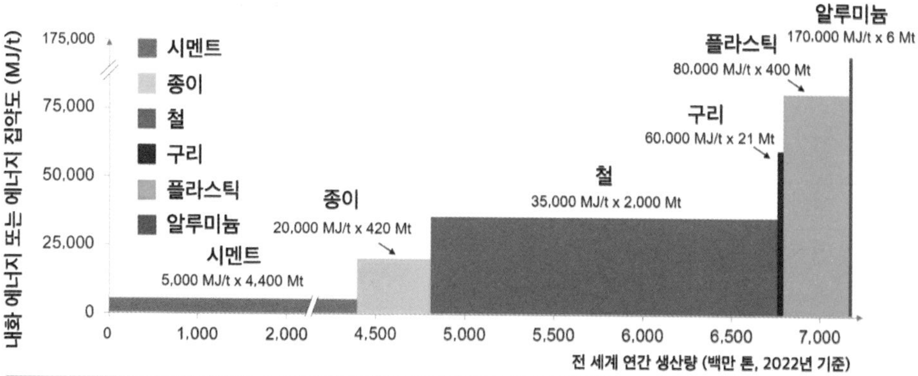

철강 제품의 평균 기대 수명은 34년이고 알루미늄은 21년이다

그림 20: 특정 건설 및 소비재의 내재 에너지

참고: 모든 수치는 대략적임

예를 들어: 철강 생산은 톤당 약 35,000MJ가 소요된다. 철강은 철과 탄소의 합금이지만, 철강은 소량의 실리콘, 인, 황, 그리고 산소가 포함될 수 있다. 철강 1톤당 ~1.6톤의 철광석, ~800톤의 석탄, 및 석회석 및 다양한 첨가제 같은 생산품이 필요하다. 대략적으로 철강 1톤당 약 총 2.5톤의 원자재가 들어간다. 따라서, 2022년에 약 20억 톤의 철강을 생산하려면 약 50억 톤의 원자재가 채굴, 운송 및 가공되어야 한다. 따라서, 철강 생산은 전 세계 원자재[2]의 5% 이상을 소비하는 것으로 나타난다. 화학적 환원을 목적으로 특정 원료(예: 철광석에서 철, 규소 산화물에서 규소)가 포함된 경우, 산소를 탄소와 결합하여 이산화탄소 또는 일산화탄소의 형태로 방출하기 위해 야금용 석탄이 필요하다.

2 모든 수치는 근사치로 반올림되었으며 설명을 위한 용도로 사용되었다.

철광석에서 철로 단순화 시킴:

$2Fe2O3 + 3C \Rightarrow 4Fe + 3CO_2$(다단계 공정 안에서) (3)

모래에서 실리콘으로 단순화 시킴:

$SiO2 + C \Rightarrow Si + CO_2$ (4)

예를 들어, 태양광 패널과 컴퓨터 칩의 핵심 구성 요소 중 하나인 실리콘은 본질적으로 실리카(석영석), 목재 칩 및 석탄에서 생산된다. 실리콘은 지구의 지각층에서 두 번째로 풍부한 원소이지만, 현재 상업적으로 사용 가능한 것은 고순도 규소뿐이다. 야금용 실리콘(MG-Si, 순도 약 98%)은 전기 아크로에서 2,000°C 이상의 공정 온도에서 제조되며, 이 또한 환원 및 에너지로 사용될 석탄이 필요하다. 태양광 등급 실리콘(SoG-Si, 99.9999% 순도)과 전자 등급 실리콘(EG-Si, 99.99999% 순도)은 정제 공정('Siemens')의 야금 등급 실리콘에서 생산되며, 이는 다시 많은 양의 에너지와 원자재에서 추출된 다양한 화학 물질이 요구된다(pv-education 2020). 태양광 패널 생산에는 폴리실리콘, 잉곳, 웨이퍼, PV 셀, 그리고 마지막으로 PV 모듈 생산과 같은 다양한 제조 단계가 있어야 한다.

원자재를 지표면에서 채굴할 경우, 원하는 광석층에 접근하기 전에 많은 양의 흙을 한쪽으로 치워야만 한다. 일반적으로 평균 '과부하 비율'은 10:1이며, 이는 원자재 1톤을 채굴하기 위해서는 10톤가량의 흙을 '파내고' 제거해야 한다는 의미이다. 예를 들어 구리와 같이 채굴된 광석의 평균 금속 함량이 2%이고 평균 과부하 비율이 10:1이라고 가정하면, 구리 기반 광물 1톤당 500톤의 흙을 함께 채굴해야 한다. 전기 자동차나 풍력 터빈에 구리를 사용하기 위해서는 이를 지구상의 다양한 장소로 운송해야 하며 해외에서 저렴한 에너지를 사용해 다양한 가공 단계를 거쳐야 한다.

오늘날 중국은 전 세계적 기본 광물 가공 중심지이다(그림 21). 중국은 태양광 패널 생산의 거의 80%를 통제할 뿐만 아니라 일부 강제 노동(Murphy and Nyrola 2021)과 석탄에서 생산되는 저비용의 전기를 생산

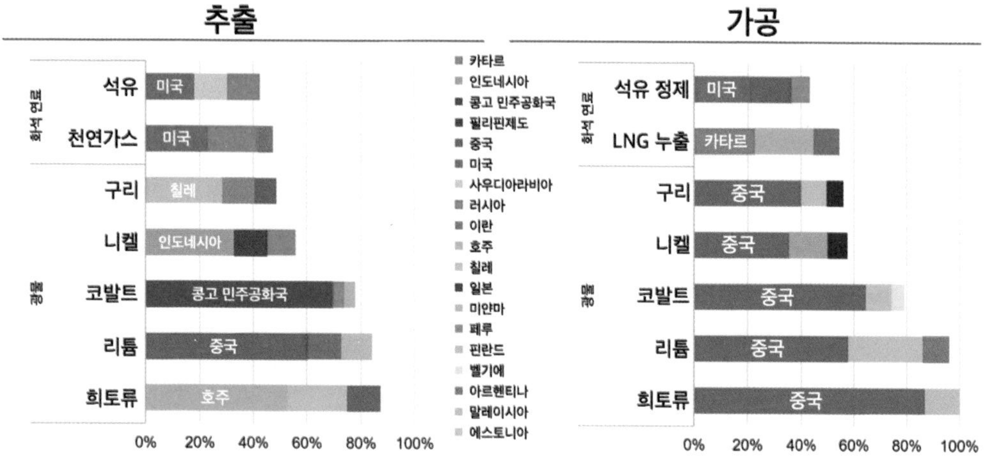

그림 21: 상위 3개 생산국의 특정 광물 및 화석 연료 생산 점유율

참고: 2019년 데이터.

가공에 사용한다. IEA의 Solar 2022에서는 "한때는 유럽, 미국, 일본이 주도하고 있던 태양광 전지를 이제는 중국이 주도하고 있다. 중국이 모든 태양광 전지 공급망 부분을 상당히 지배하고 있기 때문"에 이는 심각한 지정학적 우려감을 제기하고 있다. 오늘날, 전 세계 시장 점유율의 거의 50%를 차지하고 있는 상위 10개 태양광 발전 제조사들이 모두 중국에 있다.

이러한 자료들을 통해 '재생' 에너지 형태의 에너지 생성이 실제로는 전혀 '재생 가능한 것'이 아니라는 사실이 독자들에게 분명해질 것이다. 풍력, 태양광 및 수력 발전의 원자재 수요는 앞 장과 이후 뒷장에서 논의되는 바와 같이, 낮은 에너지 밀도, 요구되는 넓은 면적의 공간 및 에너지 법칙에 의해 유발되는 기타 물리적 단점에서 비롯된다

(그림 8 및 그림 32). 이러한 사항들은 원자재의 '엄청난' 비효율성을 초래한다. 미국 에너지부(DOE)는 2015년(DOE 2015) 1TW 발전 용량당 투입되는 기본 자재 투입량을 추정했으며, 이는 그림 22에 요약되어 있다. '재생 에너지'의 발전 장비를 생산하는 데는 여러 가지 정제된 재료가 필요하다는 것을 알 수 있다. 이러한 정제된 재료는 앞서 논의한 것과 같이 원자재가 투입되는 것에 비해 몇 배나 되는 과적된 흙이 제거되어야 한다. 그림 22는 연소된 연료나 전기 생산 장비의 다양한 수명을 나타내지는 않는다. 또한 칼트 등(Kalt et al. 2022)은 '재생 에너지' 원료의 비효율성에 대해 다음과 같이 분명히 지적했다. "우리는 1.5°C 목표에 부합하는 시나리오가 지구 온도 상승이 2°C를 초과하는 시나리오보

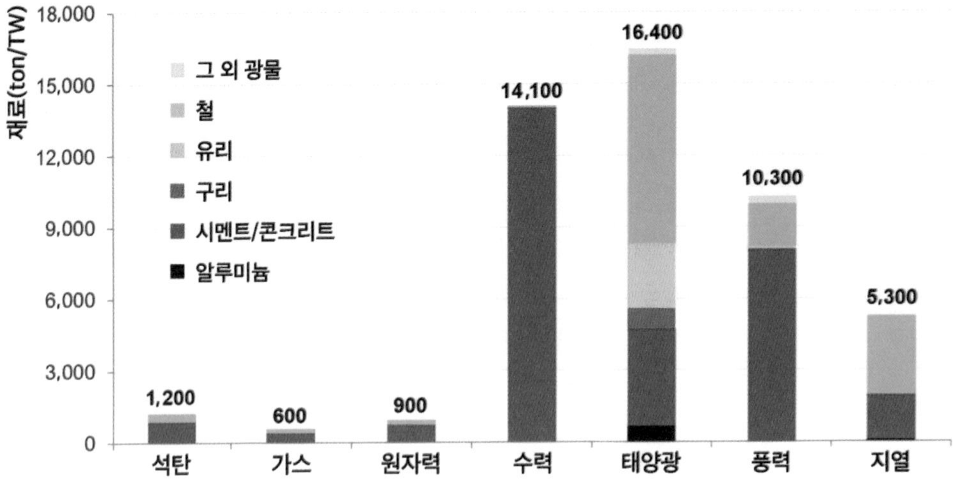

그림 22: 1TW 전력 생산당 모재 투입량

참고: 철, 납, 플라스틱 및 실리콘이 포함된다. 미국의 평균적 용량 계수를 기반으로 함.

다 훨씬 더 높은 재료를 요구한다는 강력한 증거를 발견했다."

국제에너지기구(IEA Minerals 2021)와 많은 컨설팅 회사 및 연구 기관들(BCG, 맥킨지, KU Leuven, IEEJ, EIA, S&P, etc.)은 미국 에너지부(DOE 2015)가 '재생 에너지'의 광물 및 원자재 수요에 관해 발표한 것보다 더욱 최근의 출판물을 제시하고 있다. 그림 23은 최근 자료를 바탕으로 발전 기술뿐만 아니라 전기 자동차와 기존 자동차의 선별 정제된 재료의 요구사항 측면에서 비교한 것이다. '재생 에너지'를 구축하기 위한 많은 재료가 중국에서 가공되기 때문에(그림 21), 서구 국가들은 '그린 에너지로의 전환'을 위한 물질적 기반을 제공하기 위해 낮은 비용의 에너지에 접근할 수 있도록 에너지 의존도를 러시아와 중동과 같은 화석 연료 생산국에서 광물 처리 챔피언인 중국과 그 외 다른 국가들로 전환하고

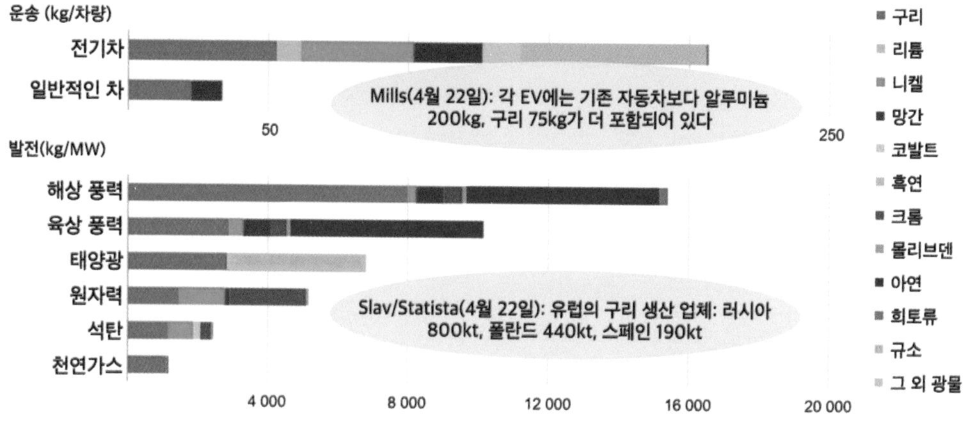

그림 23: '재생 에너지' 기술에 소요되는 광물 요구량 비교

있는 것으로 나타난다. 이러한 에너지 전력의 전환은 더 많은 지정학적 영향을 미칠 것이다.

에너지 생산 기술(풍력, 태양광, 수력, 지열)과 에너지 소비 기술(전기 자동차, 열 펌프, 직접환원제철 등)을 구분하지만, 구리, 실리콘, 아연, 크롬, 니켈 및 희토류는 '재생 에너지' 형태의 전기를 생산하기 위한 '에너지 전환'에 필요한 주요 광물로 드러난다. 그러나 전기 네트워크를 구축하는 데만 필요한 재료 및 에너지 요구 사항은 간과되는 경우가 많다(그림 24). 구리와 관련하여, S&P 2022에서는 세계 구리 시장에 대한 최신 보고서에서 "구리-전기화의 금속은 모든 에너지 전환 계획에 필수적이다."라고 요약하고 있다. 하지만 에너지 전환이 진행됨에 따라 잠재적인 수급 격차는 매우 클 것으로 예상된다. 대체 및 재활용은 전기 자동차(EV), 전력 인프라 및 재생 에너지 생산에 필요한 수요를 만족시키기에 충분하지 않을 것이다.

또 다른 중요한 점은 재료의 예측이 실제 수요와 예비 충전을 충족하는 풍력 발전소 및 태양광 발전 단지의 실제 가능한 면적을 계산한 것에 크게 의존한다는 것이다. 일반적으로, 우리의 논문(쉐르니카우와 스미스 2021, 스미스와 쉐르니카우 2022)에서 명백히 입증하듯이 필수 공간 및 설치 용량 요구 사항이 잘못 판단되기 때문에, 재료 수요는 크게 과소평가된다. 일부 연구에서는 우리가 계산한 것과 유사한 공간 요구 사항을 제시하지만, 대부분의 연구에서는 먼저 사용 가능한 육지 또는 바다 면적을 추정한 다음, 에너지 수집 시설이 허용된 공간에 어떻게든 맞출 수 있다고 추정한다. 하지만 이러한 접근은 물리학적으로 불가능하다.

스밀(Vaclav Smil)은 빌 게이츠(Bill Gates)가 가장 좋아하는 작가들 중 한 명이자 그의 에너지 고문이다. 2022년에 그는 『실제 세상은 어떻게 돌아가는가: 우리는 어떻게 여기에 도달했고 어디로 가고 있는가(How the

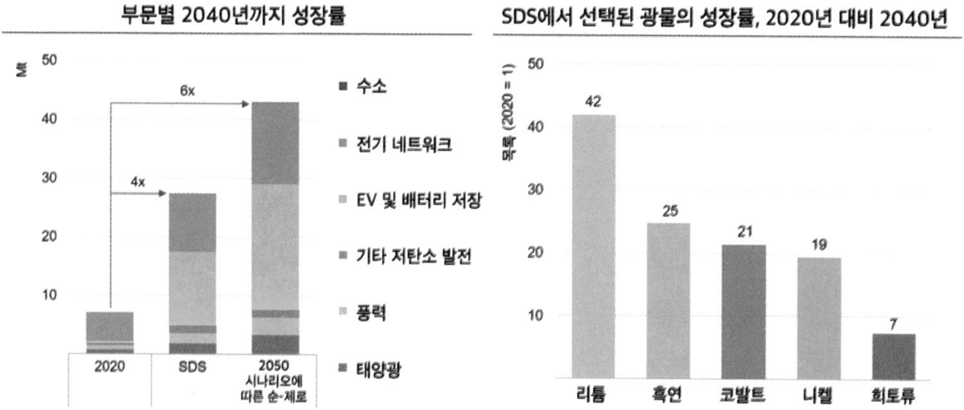

그림 24: 시나리오에 따라 크게 증가하는 '청정' 에너지 기술에 대한 광물 수요

참고: SDS = IEA의 지속 가능한 개발 시나리오; Mt = 백만 톤. IEA 보고서의 범위에 포함된 모든 광물(오른쪽 그래프와 구리를 포함)은 포함되지만, 강철, 알루미늄, 시멘트 또는 금속 생산에 필요한 에너지 원료는 포함되지 않았다.

World really Works: The Science Behind How We Got Here and Where We're Going)』(Smil 2022)를 출판했다. 스밀(Smil)은 인류가 전 세계 1차 에너지 공급량의 17%를 암모니아(비료용), 강철, 시멘트, 플라스틱 등 단 4가지 물질을 만드는 데 사용하고 있다고 설명한다(그림 20 참조). 스밀(Smill)은, 이 물질들은 "현대 문명의 기둥"이며, 식량 공급, 주택 건설, 운송 및 의료 장비나 병원 건설 등을 통해 수십억 명의 사람들을 치료하는 데 매우 중요하다고 설명한다. 이러한 물질을 대체할 만한 물질들이 없을 뿐만 아니라, 현재의 수요를 충족시킬 만큼 이 물질들을 생산할 수 있는 실질적인 저탄소 배출 방법도 없다. 그리고 전 세계는 아프리카와 아시아가 현대화됨에 따라 실제로 이 물질들의 생산을 확대해야 할 것이다

(Lane 2022).

가변적 '재생' 에너지 용량의 극적인 팽창은, 오늘날 전체 건설된 전기 생산 용량의 4배에 이르고 있으며(그림34), 이는 뒤에 설명할 에너지 부족뿐만 아니라 원자재 위기, 2021년부터 시작되었고 현재 우리가 겪고 있는 '새로운 광업 슈퍼 사이클'을 초래하게 될 것이다. 2021년부터 원자재와 각종 부품 가격이 상승하기 시작하여 2022년에는 최고치에 이르렀다. 폴리실리콘 가격은 단지 한 예에 불과하지만, 2021년 1월 10달러/kg에서 2022년 4월 34달러/kg으로 3배 이상 상승했다 (IEA Solar 2022, p.66). 화석 연료와 광석 제품 가격도 극적으로 인상되었다.

화석 연료 공급자들이 광물 채굴, 가공, 운송 및 장비 생산에 들어가는 투자 부족으로 수요 증가를 충족시킬 수 없게 되면 원자재 생산자들은 엄청난 돈을 벌게 될 것이다. 이러한 가격 인상은 높은 세금의 형태나 직접적인 물건 가격 상승을 통해 최종 소비자가 부담해야 한다. 이러한 가격 상승은 인플레이션을 일으키게 되고, 저조한 성장과 특히 서구와 개발도상국의 부유하지 못한 사람들에게 피해를 주게 될 것이다.

때때로 제안되는 광업과 에너지 기업에 대한 세금 인상은 그들의 업무 수행과 잘못된 에너지 정책으로부터 혜택을 받은 것에 대한 것으로, 이 자금을 '그린' 에너지 전환에 다시 투자하는 것은 논리적으로 맞지 않으며 상황을 점점 더 악화시킬 것이다. 고가의 원자재 및 에너지 가격은, 에너지 정책에 따르는 '전환'과 오늘날의 장기적인 에너지 프로젝트에 대한 의욕을 상실시킴으로써 기존 에너지에 대한 투자 부족으로 야기된 직접적인 결과이기 때문이다. 채굴 및 에너지 프로젝트는 수십 년에 걸친 계획된 수익 흐름을 기반으로 하는 대규모 투자를 필요로 한다. 유일하게 논리적인 해결책은 에너지 원료 생산과 기존 에너지 생산 기술에 대한 투자 철회가 아닌 투자일 것이다.

재료(원료) 효율성과 석유, 석탄, 가스와 같은 에너지 원료에 대한 충분한 투자로 이러한 재료를(원료를) 가능한 한 에너지 효율적으로 생산하는 것은 에너지 시스템의 우선 순위를 정할 때 고려해야 할 중요한 환경 지표이다. 전통적인 방식의 에너지에서 '재생 에너지'로의 전환은 기존의 시스템을 유지하는 것보다 에너지 생산 단위당 훨씬 더 많은 다양한 물질을 필요로 한다(Kleijn 등, 2012 참조). 이 '그린' 전환에는 현재 존재하지 않는 생산 능력을 이용한 채굴, 가공 및 운반해야 할 새로운 또는 다른 광물들과 현재 이용 가능하지 않거나 전통적인 에너지 생산으로만 제공될 수 있는 에너지가 필요하다.

IEA Minerals 2021년 Executive Summary(요약 보고서)는 다음과 같이 경고한다. "청정 에너지 시스템으로의 전환은 이러한 광물에 대한 요구량이 엄청나게 증가하게 될 것이다. 이전에 본 것과 비교할 수 없는 수준의 중요 광물에 대한 급격한 수요 상승은 공급 가능성과 신뢰성에 대한 막대한 의문을 제기한다."

2.7. 1차 에너지 및 열 펌프

1차 에너지

앞 장에서 언급한 바와 같이, 풍력과 태양광과 같은 '재생 에너지'의 전력 점유율은 높지만, 1차 에너지의 점유율은 낮은 상황에서 1차 에너지 측정법에 대한 논의가 등장했다. 일부 경제학자들은 1차 에너지를 시대에 뒤떨어진 개념으로 여기고 있으며, 또한 1차 에너지 개념에 오해의 소지가 있다고 여기고 있다. 우리의 견해를 말하자면, 이러한 오해는 그들이 태양광과 풍력으로부터의 '1차 에너지'가 에너지 손실 없이 사용 가능한 전기로 변환될 수 있다고 잘못 이해하기 때문에 발생하는 것으로 보인다.

이는 매우 중요한 논쟁으로서, 전 세계에서 전력 생산에 사용되는 (전체 1차 에너지의 약 40%에 해당) 7만 TWh의 1차 에너지는 약 2만 8천 TWh의 사용 가능한 전기로 변환되고 있음을 분명하게 밝힌다. 이러한 차이는 기존 연료를 화력 발전소에서 전기로 전환하는 효율성에서 비롯된다. 1차 에너지는 열역학 제2법칙에 따라 손실이 발생하는 과정을 통해 난방, 운송 또는 산업 목적으로만 사용 가능한 에너지로 생산될 수 있다. 모든 1차 에너지원은 항상 일부 에너지가 완성된 연료나 전기로 가공 처리되어야 한다는 것을 기억해야 한다.

종종 1차 에너지에 대해 반대하는 논란은, 앞으로는 '에너지 전환 손실 없이' 풍력과 태양광은 전기를 곧바로 생산하게 되거나, 더 많은 에너지가 투입될 것이며, 열 펌프와 전기차는 기존 히터와 내연 기관 자동차보다 훨씬 높은 효율로 전기를 사용할 것이라는 것이다. 따라서 이어지는 주장은, 풍력과 태양광 발전의 주요 에너지 점유율이 지나치게 (인위적으로) 낮기 때문에 기본 에너지 지표를 사용하여 투입량과 생산량을 비교하는 것은 오도된 정보를 제공하는 것으로 보인다. 비슷한 주장으로, 전기 자동차는 표준 내연 기관 자동차와 동일한 서비스를 제공하면서 에너지는 약 3분의 1만 사용한다는 것이다. 이러한 주장들은 —우리의 견해로는— 무관하거나 잘못되었거나 적어도 오해의 소지가 있다. 이러한 문제를 더 혼란스럽게 하는 것은, 1차 에너지를 계산하는 방법에는 부분 치환 방법과 물리적 에너지 함량 방법 등 각기 다른 방법이 있다는 것이다(우리 세계 데이터 2020 및 IEA 통계 2019 참조).

1차 에너지 지표를 시대에 뒤떨어지거나 오해의 소지가 있는 것으로 보지 않는 이유는 열역학 원리에 근거하기 때문이다. 1차 에너지의 중요성은 풍력 및 태양광과 같은 가변적인 '재생 가능' 에너지원의 전체 에너지 효율(eROI)을 고려할 때 다른 관점에서 발생한다. 이는 전체 가치사슬에 걸친 에너지 요구에서 발생한다.

한계가 있음에도 불구하고, 우리는 1차 에너지가 인간이 존재하는 데 필요한 총 에너지 요구량을 추정하는 가장 좋은 방법이라고 생각한다. 전기화의 긍정적인 효과는 분명히 존재하지만, '재생 에너지'로 생산된 전기는 여전히 열역학 법칙에 따라 생성되어야 한다. 풍력, 태양광, 수력 또는 지열 등의 '재생' 에너지는 우리의 삶(운송 및 난방 모두 포함)에 전력을 공급할 수 있는 전기 에너지로 효율적으로 변환되었을 때 충분한 역량이 되지만 이 효과적 변환은 마법이 아니다. 전기를 만드는 데 사용되는 '재생 가능한' 에너지의 이점과 한계에 대한 명확한 설명은, 우리 문명의 미래 에너지 수요를 충족시킬 수 있는 올바르고 지속 가능한 선택을 하기 위해 필수적이다.

전기는 에너지의 2차(또는 3차) 형태라는 것을 인정해야 한다. 또한 전통적인 기존의 발전소는 많은 경우 전기 발전의 부산물로 주택 및 산업용으로 사용되는 열과 같은 소중한 비-전기 에너지를 생성한다. 태양 및 풍력에서 전기를 생산할 때 엄청난 변환/조정으로 인한 손실이나 상당한 에너지 비용 없이 전기가 생산된다는 주장을 살펴보면, 이는 사실이 아니다. 풍력에 대한 다음 계산은 스미스 등(스미스와 쉐르니카우)의 2022 논문에서 가져온 것이며, 여기에는 모든 참고 및 출처가 포함되어 있다.

1. 풍력 터빈(WT)의 최대 효율은 베츠 한계(Betz Limit)인 59.2%이지만, 그 정도의 성능에 도달하는 것은 없다. 실제로, 풍력 터빈(WT)의 효율은 베츠 한계보다 훨씬 낮다. 고속 풍력 터빈은 최적 풍속인 약 14m/sec에서 '최대 효율'을 달성하기 위해 설계되었으며, 이는 터빈이 에너지를 생산하는 데에 해당하는 35~45%를 제공한다. 풍속이 최적 이상이거나 이하일 경우 효율은 감소하고, 최적 수준의 풍속에 도달하는 경우는 거의 없다.
   a) 풍력 터빈의 구성 요소들은 기어박스, 베어링, 제너레이터 등을 통해 풍력 터빈 로터의 회전을 전기로 변환하는 데 사용되고, 이는 풍력 터빈의 전기 출력을 생성하면서 효율은 더욱 떨어진다.
   b) 풍력 터빈 위치에서의 전기 출력은 실제 풍력 발전 가능한 원시 풍력의 10~30% 사이에 위치하며, 이는 설계 풍속에만 해당된다. 따라서, 10MW의 풍력 터빈의 '설치 출력'을 얻기 위해서는 30~100MW의 원시 풍력이 필요하다. 따라서 이는 원시 풍력의 70~90%의 손실을 의미하며, 이러한 70~90%의

풍력 원시 전력 손실은 풍력(그리고 태양광)의 에너지, 물질 및 공간의 비효율성으로 직결된다.

c) 사람들은 바람과 태양이 무료라고 주장할 수 있다. 이는 맞는 주장이지만, 석탄, 가스, 그리고 석유 또한 자연에서 제공된다는 점에서는 무료이고 단지 땅에서 '파내기'만 하면 되는 것이다. 물론, 풍력과 태양광은 무한한 것으로 보이는 반면, 화석연료는 유한(수백 년 또는 수천 년 이상)하다.

2. 풍력 단지에 3~10배 더 많은 풍력 터빈을 설치한다고 해도 전기 출력은 그에 상응하지 않는다. 바람으로부터 전력(power from the wind) 인출은 풍력이 대기 상층부에서 아래쪽으로 전달되는 정도로 제한된다(약 1~2MW/km²). 또한, 풍력 터빈 첫 번째 줄에서의 풍속 손실과 발생하는 흔들림 손실로 인해 풍력 터빈 간의 간격은 로터 지름의 15배로 유지되어야 한다.

a) 방출되는 에너지는 대기 전위와 운동 에너지에 의해 엄격히 제한되며, 이는 대기의 전 지구적 태양광 가열의 직접적인 결과이다.

b) 결과는 풍력 터빈 출력 밀도의 상한선이다. 최대 30MW/km의 밀도에 도달하도록 예정된 대규모 풍력 발전 단지의 건설은 현장의 용량 요소를 점점 더 열악하게 만들어 상대적인 전기 출력을 감소시킨다. 풍력 터빈이 과밀하게 설치되었을 때 나타나는 영향으로 인해 풍력 단지의 출력은 측정된 장소에서 거의 30% 정도 손실이 발생했음은 이미 입증되었다. 이러한 문제는 풍력 단지가 커질수록 심화될 것이다(스미스와 쉐르니카우 2022).

3. 캘리포니아와 유럽에서도 '재생' 에너지의 추가적 손실은 입증되었다. 화석 연료나 원자력 발전소와 달리, '재생' 에너지 발전소는 고객으로부터 수백에서 수천 킬로미터 떨어진 곳에 위치하고,

종종 해변을 따라 위치하기도 한다. 이러한 장거리는 방대하면서도 취약한 전송 인프라를 구축해야 한다(그림 12 참조). 이러한 취약성은 캘리포니아의 산불로 인해 송전선로가 파괴됨으로써 입증되었다. 풍력 터빈에 의해 생성된 교류(A/C)를 직류(D/C)로 변환한 후, 다시 교류로 변환하는 왕복 변환에 의한 손실은 일반적으로 약 30% 이상에 이른다.

a) 캘리포니아의 태양광 발전 단지에 대한 데이터는 송전 및 A/C로의 변환으로 인한 25% 정도의 손실을 보여준다. 해저 케이블에서 송전 손실도 이와 유사하며, 더불어 탁류, 세류 및 기타 변위 및 파손에 취약하여 오랜 기간 비용이 많이 드는 정전이 발생할 수 있다(제2.3장 참조). 기본 발전소에서는 위상, 주파수 및 전압을 제어하고 그리드에 직접 입력할 수 있기 때문에 이러한 손실이 발생하지 않는다.

4. 모든 풍력 및 태양광 설비는 배터리, '친환경' 수소, 양수 또는 대기 중인 유휴 가스 또는 석탄 화력 발전소의 형태로 100% 백업되어 있어야 한다. 이러한 백업/저장 시스템을 구축, 운영 및 재활용하는 데 소비된 에너지도 포함되어야 하며, 풍력 및 태양광에서 측정된 전기 출력이 아닌 전체 에너지 인프라를 구축하는 데 '소비된' 총 기본 에너지에 의해서만 진정으로 파악될 수 있다. 이러한 백업 시스템은 풍력 및 태양광 보급이 증가함에 따라 덜 사용하게 될수록 에너지 효율성이 더욱 떨어진다(다음 장 참조). 비활용된 백업 시스템의 영향을 이해할 수 있도록, 우리는 독일 바바리아에 위치한 백업 가스 발전소에 대한 2분짜리 독일 동영상을 추천한다. 이 발전소는 연간 10일 미만으로 운영되고 있다(NDR3 2020).

5. '재생' 에너지 발전소는 이러한 일련의 손실로 인해 입력된 에너지의 작은 부분만이 소비자의 가정에서 전기로 변환된다. 이러한

손실은 기본적으로 열역학, 마찰, 장거리 송전에 따른 저항 손실, 반복적인 변환, 파손/파괴에 대한 취약성, 그리고 전력 수요에 맞추기 위해 백업 및 저장에 대한 요구 사항이 훨씬 더 높기 때문이다.

a) 풍력 터빈은 '50% 용량 계수에서 작동'하며 포화 출력 시간을 포화 미만 시간과 비교하여 계산하므로 다른 모든 손실은 사실상 간과된다. 이러한 간과는 한계 비용 척도인 균등 전력 비용(LCOE)이 나타내는 것과는 달리, 높은 가변성 재생 에너지(VRE) 비용의 원인이 된다(3장 전기 및 eROI 비용 참조).

위 내용은 가변형 '재생 에너지'의 이점을 백업 및 저장 요구 사항, 낮은 에너지 효율성, 변환 손실, 물질 비효율성, 수명 단축, 높은 재활용 문제 및 공간 비용과 같은 간헐적 '재생 에너지'의 에너지 및 비용 비효율성과 대조해야 함을 보여준다. 1차 에너지만이 위에서 언급한 모든 비효율성으로 인한 에너지 손실을 포함하여 모든 에너지 시스템에 필요한 입력 에너지를 파악할 수 있다. 에너지 비용 및 에너지 수익(eROI)에 대해서는 다음 장에서 자세히 설명한다.

티센크룹(Thyssen Steel) 회장 오스부르크(Osburg)의 최근 발언은 순 에너지 효율성의 중요성을 잘 보여준다. 그는 "기후 중립을 달성하려면 두이스부르크에 위치한 유럽 최대의 철강 공장만으로도 에너지 수요가 4.5TWh에서 45TWh로 10배 증가할 것"이라고 말했다(디어리그 2022년, 4.1장 참조).

요약하자면, 풍력 및 태양광이 기존 발전소보다 순 기본 에너지 효율이 높다고 가정하는 것은 잘못된 것이다. 풍력 및 태양광은 부산물로 열을 생산하지 않으며, 더 많은 원자재 투입과 공간이 필요하며 순 에너지 효율이 낮다. 이들의 채택은 '넷-제로' 경로에서 구상하는 것처럼 대규모로 적용할 때, 동일한 전기 생산량을 위해 더 적은 것이 아닌 더 많은 1차 에너지를 필요로 할 것이다.

열 펌프(냉각에 대해서는 논의하지 않는다)

일반적으로 열 펌프는 전기를 효율적으로 사용하는 좋은 예로 꼽히므로 이상적인 열 펌프의 물리적 특성을 살펴보자. 열 펌프는 화석 연료(유류, 석탄, 가스)에 대한 대체 수단으로서, 풍력 및 태양광에서 생성된 '재생 가능한' 전기를 이용하여 열 펌프를 작동시켜 우리의 가정을 난방하는 용도로 구상되었다. 그림 25는 열 펌프가 W를 사용하여 열 Q를 추운 곳에서 따뜻한 곳으로 이동시키는 방법을 보여준다(GSU2021).

열 펌프는 화석 연료를 직접 사용하여 냉각 또는 가열하는 것보다 열을 이동하는 데 필요한 에너지가 적기 때문에 에너지 시스템에 적합하다. 실제, 주변 조건에 따라, 한 장소에서 다른 장소로 열을 이동하는 것은 직접 냉각시키거나 가열하는 에너지의 3분의 1 정도만 소비된다. 이것이 많은 분석가들이 멈추고 "보세요. 말씀드렸듯이, 이것이 더 효율적입니다."라고 말하는 부분이다. 하지만 열 펌프에 대해 더 자세히 알아볼 필요가 있다.

무엇보다도 가장 중요한 점은 열 펌프는 전기 없이는 작동할 수 없다는 점이다. 윗부분과 그림 25에서 설명한 것처럼 열 Q를 한 지점에서 다른 지점으로 이동시키기 위해서는 전기가 필요하다. 이에 사용되는 전기는 낮이든 밤이든, 특히 추운 날 열 펌프가 절대적으로 필요할 때 안정적으로 공급되어야 한다. 이는 중대한 사항이다. 왜냐하면 우리의 가정 난방은 ⓐ화력 발전소에서 전기의 부산물로서 생산된 열을 제공받거나 ⓑ가스나 석유를 직접 가정 내부 또는 가까운 곳에서 연소하여 난방을 해왔기 때문이다. 산업용 열 또는 증기는 거의 전량이 가

스와 석탄 연소로부터 비롯된다. 가정용으로 돌아가서:

- 지열을 이용한 열 펌프는 너무 작은 지하 체적에서 지나치게 많은 열을 추출하여 지면이 얼지 않은 한 잘 작동한다. 그러면 열 펌프 또는 열 교환기가 매우 비효율적이 되어 난방 기능이 손실되어 주택 내부를 난방하는 기능이 급격히 떨어진다(그림 26). 더 추운 조건에서는 열 펌프의 장점은 상실되고 거의 기능을 하지 못한다. 그것은 여름은 시원하고 겨울은 추운 나라에서 문제가 된다. 지면에서 가져온 열은 절대로 차가운 체적으로 열이 확산되는 것으로 대체되지 않는다.
- 시에서는 지하 열 펌프를 설치하기에는 공간이 너무 협소하다. 그래서 특히 대형 건물이나 아파트들은 공기 교환 방식이 사용된다. 도시의 아파트 건물 내부 난방은 공기중 열을 집합해서(being withdrawn from the air.) 이루어 질 수 있다. 공기 교환 열 펌프는 건물(냉장고 반대) 내부로 열이 추출될 때 외부 공기의 온도를 떨어뜨린다. 열이 가장 필요한 추운 날씨에는 공기 중의 수분이 열 교환기에 동결되는 현상이 나타난다.
- 공기를 이용한 열 펌프는 ~7ºC 미만의 온도에서 효율성을 상실하고 일반적으로 -4ºC 미만에서는 작동하지 않는다. 따라서 에너지 효율이 낮은 저항 난방과 같은 보조 난방이 필요하다. 만약 주택 내부를 난방하기 위해 공기로부터 열을 인출한다면, 열 펌프의 성능 효율(성능 계수 CF, 그림 25)은 한파 기간 동안 거의 1에 가까워질 수 있다(이 사실은 열 펌프 판매원이 알리지 않는 사실이다). 또한, 공기로부터 수분이 축적되어 열 교환기가 얼어붙을 수 있다.
- 이러한 열 교환은 냉장고도 하는 일이지만, 결과는 반대이다: 열은 공기 중으로 배출된다. 열 펌프와 에어컨의 유일한 차이점은 열을 펌핑하는 방향을 제어하는 유용성이다. 당연히, 열 펌프는 여름, 겨울 모두 작동하기 때문에 일반적으로 에어컨보다 수명이

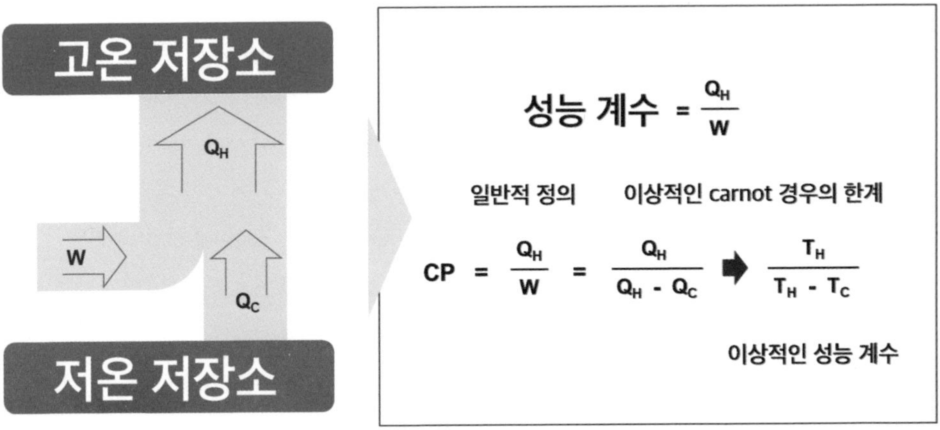

그림 25: 열 펌프의 물리학

참고: W=일 Q=열 T=온도 H=고온 C=저온을 나타낸다

더 짧다.

성능 계수(CP)는 집 외부에서 내부로 이동된 열과, 열을 이동시키기 위해 사용된 에너지를 비교했을 때 그 비율은 같다. 이상적인 카르노 사이클[1]의 경우(Carnot cycle case)에서 최댓값이 발생하지만, 이는 실질적

1 카르노 사이클은 열 엔진의 이상적인 열 사이클 모델이다. 프랑스 엔지니어 니콜라 카르노(Nicolas Carnot)에 의해 개발되었으며, 열 엔진의 가장 효율적인 작동을 나타낸다. 카르노 사이클은 열 엔진이 열을 흡수하고 일을 수행하는 과정에서 열과 열을 변환하는 방법을 설명한다. 카르노 사이클은 두 개의 이상적인 열 접촉 장치인 열원(Hot reservoir)과 열 싱크(Cold reservoir) 사이에서 작동한다. 카르노 사이클은 이 두 개의 열 접촉 장치 사이에서 가열, 등압 확장, 등온 냉각, 등압 압축 등의 단계를 거치며, 열 엔진의 효율적인 작동을 보장하기 위해 최적화되었다. 카르노 사이클은 열 엔진의 최대 효율을 나타내며, 열원과 열 싱크의 온도 차이에 의해 결정된다. 열 엔진이 카르노 사이클과 동일한 효율을 가지면, 열 엔진의 최적 효율로 간주된다.

으로 달성하기 어렵다. 그러나 T_H와 T_c가 서로 가까워질수록 성능 계수(CP)는 매우 높아진다. 미국 남부에 있는 전기 열 펌프의 성능 계수는 적어도 3CP에 이른다. 이는 1유닛의 고품질 전기 에너지로 3유닛의 열이 주택 내부로 펌핑할 수 있다는 것을 의미하며, 이는 바람직한 결과로 나타난다.

물론 정확한 CP는 T_H와 T_c의 차이와 히트 펌프의 특정 설계 매개변수에 따라 달라진다. 외부 온도가 0℃ 이하로 떨어지면 위에서 언급한 것과 같이 열 펌프의 효율이 떨어진다. 그렇게 되면, 보조 저항 난방이 있어야 한다. 이는 난방이 많이 필요하지 않을 때는 열 펌프의 성능이 양호하지만 많은 양의 난방이 필요할 때는 성능이 떨어지기 시작한다는 것을 의미한다(그림 26). 이는 열 펌프를 사용하고 있는 모든 주택의 상황이며, 특히 이러한 주택들은 눈이 내리는 기후와 관련이 있다.

전기를 사용하여 열을 생산한다는 측면에서 100% 효율성을 주장하는 것은 전력회사들의 일반적인 주장이다. 그러나 이는 오해의 소지가 있다. 이는 전기 발전의 카르노 사이클 효율성으로 인해 약 2.5~3유닛의 석탄이나 가스와 같은 1차 연료를 태워야 1유닛의 전기를 가정에 보낼 수 있기 때문이다. 결국 각 가정에서 100% 효율적으로 사용한다는 것은 1차 연료를 사용하는 측면에서는 약 30~40% 효율이다. 풍력이나 태양광을 100% 사용한다면 1차 에너지에서 전기로의 변환 손실은 더 작아지는 것으로 나타난다. 하지만, 우리는 이 장의 앞부분에서 1차 에너지의 논쟁에 관해 논의했다. 풍력과 태양광의 간헐성과 예측 불가능성으로 인해 100% 효율성을 달성하는 것은 불가능하며, 또다시 백업 또는 저장, 변환 및 전송, 그리고 3장과 위에서 자세히 설명된 기타 비효율성을 고려해야 한다. 1차 연료 소비는 현실적인 이야기를 하고 있으며, 가변적 '재생' 에너지원으로부터 생산된 전기 사용도 마찬가지이다. 가변성 재생 에너지(VRE)는 전송, 변환 및 조정으로

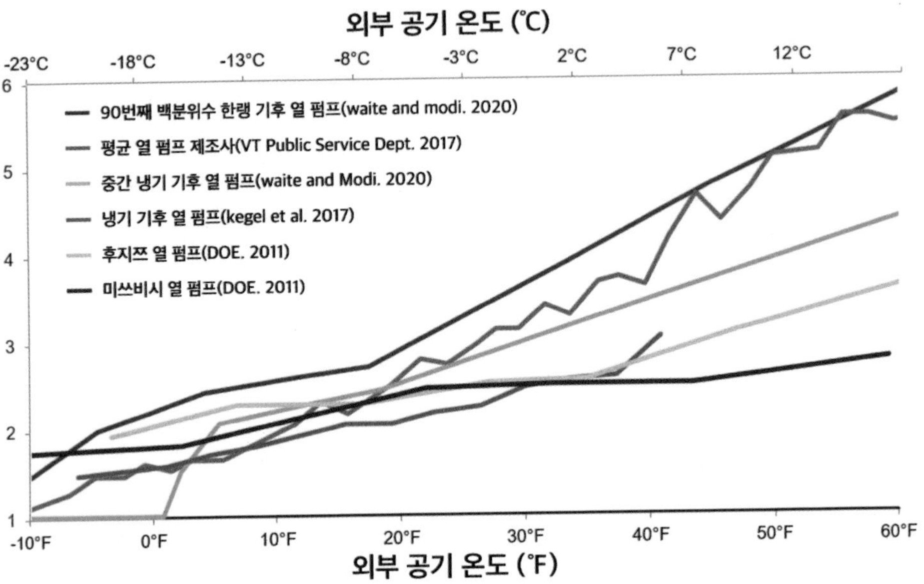

그림 26: 기온 하락과 열 펌프 성능 감소

인해 에너지가 손실되기 때문에 평균 10~30%의 효율성을 갖는다(2.2 용량 계수 참조). 현실 세계에서, 모든 에너지원은 물리 법칙에 의해 비슷한 값을 갖는다.

천연가스로 주택 난방을 하는 경우는 1차 연료를 가정에서 곧바로 사용하는 것이다. 이는 특히 추운 날에 송전된 고품질의 전력을 낭비하게 되는 전기 저항 난방을 사용하는 것보다 바람직한 방법이다. 일반적으로 전기 열 펌프에 대해 소비자에게 부과되는 보조금 가격이 처음에는 천연가스 난방에 비해 낮을 수 있다. 그러나 시스템(3장 참조)에 대한 비용을 고려한다면 꼭 그런 것은 아니다. 그리고 천연가스와 비교했을 때 '재생' 에너지원에서 생산되는 전기 보조금에 의해 왜곡된다. 지난 25년간, 적어도 풍부한 셰일 가스 프래킹으로 인해 천연가스 가격이 안정화된 북미에서는 천연가스와 열 펌프 난방은 비교적 비슷한 수준을 유지해왔다.

다른 고려할 사항은 2021년 2월 텍사스에서 전기 송전망이 붕괴되어, 열 펌프가 작동하지 않게 되고 EV를 충전할 수 없게 되면서 나타났다(ERCOT 2021). 설상가상으로, 천연가스를 공급하는 펌프도 풍력 발전소에서 보조금을 받은 전기를 사용하여 작동되었다는 것이다. 그 결과, '재생 전기'에서도 천연가스로부터도 전혀 난방을 할 수 없었다. 이로 인한 인적 비용(피해)은 아직도 밝혀지지 않았다.

따라서 전기 자동차(EV) 또는 전기 열 펌프는 내연 엔진 차량 또는 가스보일러보다 1차 에너지를 덜 사용하는 것으로 나타났다. 하지만 전체 수명 주기와 전체 에너지 시스템을 공정하게 고려할 때 전체 그림은 매우 다르게 나타나지만 유일한 방식으로 정량화하는 것은 매우 복잡하다. 전체 에너지 시스템에 대한 전체 수명 주기 비용(3장 참조)에는 활용도가 낮은 백업 시스템뿐만 아니라 실제 장비의 생산, 가공, 운송, 건설, 운영 및 재활용에 필요한 재료와 에너지가 포함되어야 한다. 현실적인 에너지, 금전적 및 환경적 비용을 구체화하기 위해서는 더 독립적인 연구가 필요하다.

1차 에너지만이 우리의 에너지 인프라를 생산, 사용 및 재활용하기 위한 실제 총 에너지 투입량을 결정할 수 있다. 에너지 및 재료 효율성을 높여 에너지 효율성 수익률을 높이고 재료 투입을 줄이는 것이 인류의 목표가 되어야 한다.

제3장

전기 가격과 에너지 투자 수익률

제3장

전기 가격과 에너지 투자 수익률

쉐르니카우는 지난 3년 동안 유럽, 아프리카, 아시아, 북미의 다양한 부처, 정부 경제 단체, 대학, 대기업을 비롯한 산업 기관에서 총 70회 이상의 인터뷰를 수행하였다. 이러한 인터뷰에서 가장 중요한 주제는 전기의 실제 전체 비용에 대한 이해 부족과 가변적 '재생 에너지'의 비용을 기존의 전력 공급원과 비교하기 위한 한계 비용 측정(LCOE)을 지속적으로 오용하고 있는 것에 관한 것이었다. 모든 인터뷰에서 가장 중요한 희망 사항은, 특히 개발도상국의 경우 시간이 지나면서 화석연료로부터 에너지 전환이 잘 될 수 있도록 지속 가능하면서도 경제적으로 실현 가능한 에너지 정책을 지원하는 데 있었다. 그러나 이러한 에너지 전환에 따른 비용과 문제점은 오늘날의 기술력으로는 제한적이며, 거의 밝혀지지도 연구되지도 않았다.

또한 그는 국제에너지기구(IEA), 일본 에너지경제연구소(IEEJ), 국제통화기금(IMF) 및 아세안에너지센터(ACE)와 같은 에너지 싱크탱크 및 주요 전략 컨설팅 회사와 접촉하여 위의 주제 중 몇 가지 사항을 논의했다. 본 장의 결론은 이러한 상호 교류와 함께 추가적으로 연구한 결과이다. 위에서 언급한 모든 기관의 업무에 내재된 정치적 측면이 우리에게 언급되었지만 여기서는 논의되지 않았다. 그 대신, 우리는 명시된 가변성 재생 에너지(VRE)로의 전환의 경제성에 초점을 맞추었다.

전력 비용은 국가의 글로벌 경쟁력을 좌우하는 중요한 요소이며, 경제 발전은 물론 에너지 정책 전반에 대한 논의의 핵심 요소이다. 전기 시스템은 복잡할 뿐만 아니라, 초 단위의 전력 수요와 공급이 동일한 경우에만 사용 가능한 전력을 공급할 수 있다는 사실에 영향을 받는다. 전기 시스템의 이러한 독특한 특성은 비용에 영향을 준다. 우리는 각기 다른 의미의 비용, 가치, 가격을 구별해야 한다.

비용: 생산에 필요한 자원과 노동.

가치: 다른 대안과 비교하여 특정 응용 시스템에서 소비자에게 제공되는 고유한 가치 또는 유용성.

가격: 소비자나 시장이 지불하고자 하는 금액. 가격은 비용, 수요 및 공급에 의해 결정된다. 가격은 법률, 명령, 보조금 등과 같은 정부 또는 기업의 개입에 의해 영향을 받거나 왜곡된다.

다음은 비용에 대해서만 언급한다.

전기의 실제 전체 비용 FCOE에 대한 개념은 다음 장에 언급되어 있다. 전기 비용에 대해 여러 정부 기관과 대학에서 상세하게 연구하였다. 2018년 텍사스 대학교(UT)에서 발표한 여러 백서에 전기의 전체 비용(UT에서 FC_e-로 지정)이 설명되어 있다. 하지만 UT에서는 주로 송전 및 배전에 초점을 맞추고 있고, 백업, 저장 및 가변성 재생 에너지(VRE)[1]의 간헐성에 대해서는 상대적으로 관심이 적었다. 또한 백업 시스템의 낮은 자산 활용도 문제에 대해서는 자세히 논의하지 않았다.

OECD 연구서(OECD NEA 2018)에서 (a)발전소 차원에서의 비용, (b)그리드 차원의 시스템 비용 및 (c)전기 시스템 외의 외부 또는 사회적 비

1 LCOE=균등화 발전 비용 / VALCOE=가치 조정된 균등화 발전 비용 / LACE=균등화 회피 발전 비용 / LCOS=균등화 저장 비용 / VRE=가변형 재생 에너지

용을 구분하여 전체 전기 비용에 대해 언급한다. 그 주장은 전체 비용이 우리가 동의하는 세 가지 범주를 모두 포함해야 한다는 것이다. OECD의 연구는 시스템에 추가된 가변 재생 에너지(VRE)로 인해 높은 변동성과 복잡성에 더 많은 관심을 기울이고 있다. 하지만 일례로 에너지 회수율(eROI)이나 재활용 비용은 고려되지 않았고, OECD의 오염 및 온실가스에 대한 논의에서는 에너지 시스템의 수명 주기 동안의 배출 및 비배출 영향 역시 반영되지 않았다. 논쟁의 초점은 연소/운전에 관한 것과 대부분은 주로 CO_2에 관한 것이었다(OECD NEA2018, p.101). 해당 연구는 자원 및 공간 고려 사항에 대해서도 언급이 제한적이다. 비용 측면에서, 다음 OECD의 주장은 중요한 것이며 우리는 이에 전적으로 동의한다:

"가변성 재생 에너지(VREs)는 전체 시스템의 비용을 증가시키며, 균형 조정 비용의 증가, 운송 및 배전 네트워크, 그리고 24시간 공급을 확실히 할 수 있도록 여분의 시스템 구축에 더 많은 비용이 필요함으로써 기술적, 사회적 비용을 많이 요구하게 된다."(OECD NEA 2018, p.39)

"경제 이론의 관점에서 볼 때, VRE는 경제적으로 최적의 배치를 달성하기 위해 이러한 잉여 비용(상기 통합 비용)에 대해 세금을 부과해야 한다."(OECD NEA 2018, p.39)

균등화 발전 비용(LCOE), 가치 조정된 균등화 발전 비용(VALCOE), 균등화 회피 발전 비용(LACE), 균등화 저장 비용(LCOS), 가변성 재생 에너지(VRE)의 통합 비용 등과 같은 다양한 기타 전기 비용 지표가 있다. 전기 비용에 관한 전반적인 개념을 제공할 수 있도록, 우리는 전기의 전체 비용(FCOE)에 대하여 일반인들에게 개념을 소개하고 자세히 설명하려고 한다. FCOE는 10가지 다른 범주를 포괄하고 있다. 이는 그 복잡성을 보여주며, 이러한 범주 중 많은 부분은 쉽게 측정할 수 없다(그림 28 참조). 우리는 어떤 에너지 관련 경제 기관, 정부, 대학, 민간기업 또는

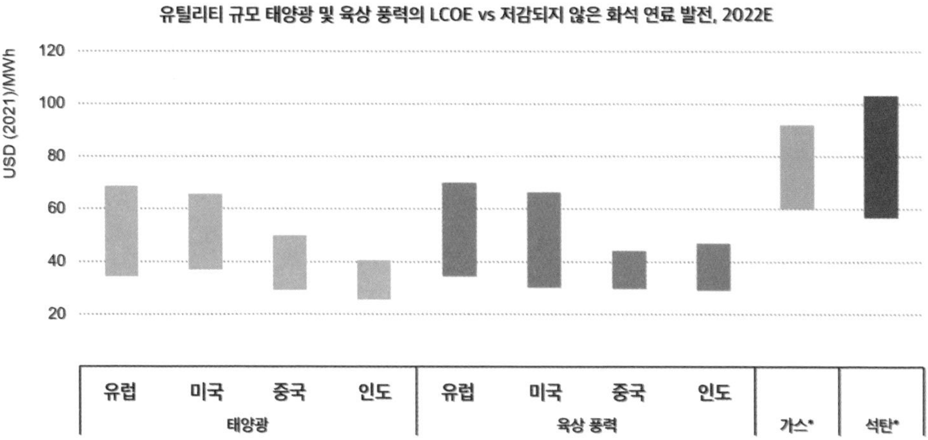

그림 27: 국제에너지기구(IEA) 연구에서의 간헐적인 태양광 및 풍력과 즉시 전력 수급이 가능한 가스 및 석탄을 직접 비교함으로써 오해를 일으키게 하는 균등화 발전 비용(LCOE)

*그래프에 표시된 유럽, 미국, 중국 및 인도 지역과 동일함

IEA의 참고: 가스는 복합 사이클 가스 터빈(CCGT)을 의미하며, 석탄은 초임계이다. 가스와 석탄의 연료 비용 및 CO_2 가격은 IEA World Energy Outlook 2021 STEPS(기존 정책 시나리오)에서 예상된 수준을 반영하며 실제 현물 및 선물 시장 가격을 고려하지 않았다. 가변적 재생 에너지는 가치 조정된 균등화 발전 비용(VALCOE) 측면에서 여전히 경쟁력을 유지한다.

어떤 언론 매체에서도 이 10가지 범주를 총체적으로 고찰한 것을 아직 보지 못했다. 일반적으로 두 가지 또는 세 가지 범주만 논의되었으며, 균등화 발전 비용(LCOE)은 가장 많이 잘못 사용되는 측정 지표이다. FCOE에 관해서는 쉐르니카우와 스미스의 2022년 논문 「전체 전기 비용(FCOE)과 에너지 수익률(eROI)」에서 언급되었다.

국제에너지기구 보고서(IEA Electricity 2022, p.41)는 "가치 조정된 균등화 발전 비용(VALCOE)이 균등화 발전 비용(LCOE)보다 경쟁력에 관해 포괄적이고 정확한 측정을 제시하지만 모든 것을 아우르는 것은 아니다. 여전히 네트워크 통합 및 기타 간접 비용을 고려하지 않고 있다."라고 한다. 또한 가치 조정된 균등화 발전 비용(VALCOE)은 모든 환경 비용을 포함하지 않고, CO_2 가격만 포함한다는 점에 유의해야 한다.

아쉽게도, 2022년 6월에도 IEA는 최신의 세계 에너지 투자 보고서(IEA WEO 2022, p.37)에서 여전히 간헐적 가변 '재생 에너지'의 균등화 발전 비용(LCOE)을 실시간 전력 수급이 가능한 석탄과 가스 옆에 오해를 일으키도록 표시하고, 가치 조정 균등화 발전 비용(VALCOE)에 대해서는 각주에서만 언급했다.

그림 27과 같은 그래프를 보면 "이제 풍력과 태양광 발전이 가스와 석탄 발전보다 저렴하다."라는 잘못된 결론을 도출한다. 이는 계속해서 세부 사항을 파고들기에 시간이 없는 정책 결정자들과 정치인들을 착각하게 만들고 있다. 그들은 전기 시스템에서 태양광과 풍력 발전의 비율이 증가하는데도 전기 비용과 전기 가격이 계속 증가하는 이유를 이해할 수 없게 된다.

3.1. 실제적인 전체 전기 비용 - FCOE

경제학 시간에, 우리는 "그것의 비용은 얼마일까?"라는 질문에 많은 답이 있을 수 있다는 것을 배웠다.

그에 대한 답변은 당신이 그 질문을 왜 하느냐에 따라 달라진다. 예를 들어, "철광석 1톤의 가격은 얼마인가?"라는 질문에는 많은 답변이 있을 것이다. 당신은 연간 천만 톤을 생산하는 광산에서 철광석 1톤을 추가로 생산하는 데 한계적으로 비용이 얼마나 되는지 묻고 있는 걸까? 아니면 같은 광산에서 작년 톤당 평균 현금 (총) 비용은 얼마였는지 묻고 있는 것인지? 또는 모든 환경 비용과 철광석이 없을 때의 기회 비용을 포함한 평균적인 1톤의 철광석에 대한 사회에 대한 실제 전체 비용이 무엇인지 묻고 있는 것인가? 광산 프로젝트의 평균 전체 비용을 계산하는 많은 경우, 많은 측면에서 가격(비용이 아닌)을 주로 사용하는 것은 기업 투자 목적에는 올바르더라도 사회에 대한 실제 비용을 고려할 때는 잘못된 것임을 명심해야 한다.

전기 문제는 사회적 수준 또는 적어도 국가적 수준에서 다루어지므로, 우리는 사회에 대한 실제 전기의 전체 비용(FCOE)을 정의하기 위해 노력할 것이다. 10개의 비용 범주로 사회에 대한 전기의 전체 비용 'FCOE'를 설정하고자 한다.

1. **건설 비용**

태양 전지판, 발전소, 광산, 가스정, 정유소 등과 같은 발전/가공 설비(가격이라 하지 않고 흔히 투자 비용이라고 함).

2. **연료 비용**

예를 들어 석유, 석탄, 가스, 우라늄, 바이오매스, 태양광 또는 풍력(풍력과 태양광은 연료 비용이 전혀 들지 않는 것으로 간주됨). 여기에는 파이프라인, 선박, 철도 또는 트럭을 통해 연료를 처리, 업그레이드 및 운송하는 것을 포함하여 연료를 사용할 수 있도록 하는 데 필요한 모든 비용이 포함된다. 또한 광산이나 가스정과 같은 연료 원천의 복원 비용도 포함된다. LCOE는 종종 CO_2 가격이 연료 비용의 일부라고 가정하지만, 우리는 정확하게 별도의 범주7로 정의한다. 환경 비용에는 온실가스도 포함되므로, CO_2 가격은 연료 비용의 일부로 간주되어서는 안 된다.

3. **운영 비용**

발전 및 처리 장비의 운영 및 유지 비용.

4. **전기 비용**:

송전망, 충전 스테이션, 부하 균형 조절, 정류기, 인버터, 스마트 미터 및 기타 IT 기술과 같은 전기를 최종 사용자에게 전달하는 데 드는 운송/균형 조절 시스템 비용

a. (전기)시스템 안에 재생 에너지(VRE) 비중이 높아질수록 전송, 균형 및 조절 인프라의 복잡성과 취약성이 증가한다. 그리드와 에너지 시스템이 더 복잡하고 취약해지면(그림 13 참조), 그리드 송전 인프라 및 제어 시스템의 비용이 증가한다.

b. 미국 중부 대륙(US Midcontinent) 독립 시스템 운영자 MISO(2021)

는 다음과 같이 기술하고 있다: "전체 시스템의 30% 이상을 재생 에너지가 차지하게 되면, 우리는 단순히 지역적인 문제가 아닌 새로운 변환이라는 위험에 직면할 것이다." 국제에너지기구 보고서(IEA2022)의 그림 32에서는 다음과 같이 기술하고 있다: "주력 전력 공급 자원으로서의 중앙 집중식 화력 발전소에서 전환하게 되면 전력 시스템이 더욱 복잡해진다. 안정적인 전력 공급을 유지하기 위해서는 여러 가지 종류의 다양한 서비스가 필요하다."

c. 컴퓨터화된 네트워크 연결 제어 시스템은 사이버 공격의 위협으로부터 자유롭지 않을 뿐더러 비용 또한 많이 드는 대상이 된다. BCG의 사이버 보안 가이드(BCG 2021a) 및 2022년 3월 독일 풍력 발전소를 겨냥한 위성 인프라 사이버 공격(Willuhn 2022)을 참조할 수 있다. 또한, 2017년 있었던 우크라이나의 에너지 인프라 공격에 대해 언급한 훌륭한 책 『Sandworm - 새로운 사이버 전쟁의 시대』(Greenberg 2019)도 참고하면 된다.

5. 저장 비용

'재생' 에너지 시스템은 중장기 저장뿐만 아니라 부하 균형을 맞추기 위해 항상 저장이 필요하다. 이 비용에는 양수 발전, 배터리, 수소 등의 건설 및 운영 비용이 포함되어야 한다. 오일, 석탄, 가스, 우라늄, 그리고 바이오매스는 에너지 저장 기능이 내장되어 있다는 점을 염두에 두어야 한다.

a. 저장에만 들어가는 총 저장 비용에는: (1)건설 비용, (3)운영 비용, (7)환경에 대한 비용, (8)재활용 비용, 그리고 (10)다른 지표인 서비스 단위당 재료 투입량(MIPS), 수명 및 에너지 수익률(eROI) 비용이 포함되어야 한다.

6. **백업 과학기술 비용:**

전기 시스템은 발전소나 장비에 문제가 발생할 경우를 대비하여 중복 시스템을 갖추어야 한다. 모든 안정적인 전기 시스템은 일반적으로 최고(최대) 전력 수요의 약 20% 정도를 초과해서 설계한다. 추가로:

a. 풍력 및 태양광과 같은 모든 가변성 재생 에너지(VRE) 설비는 기본적으로 즉시 공급 또는 예측이 불가능하기 때문에 100% 장기 백업, 저장 또는 이 두가지가 결합된 조합이 필요하다. 현대의 기상학 모델은 24~36시간 전에 겨우 국지적인 바람과 태양 조건에 대해 약 75~80%의 신뢰성 있는 예측으로 기상 정보를 제공할 수 있다.

b. 기존 발전소는 많은 경우 가변성 재생 에너지(VRE)의 백업으로 사용된다. 전기 시스템에서 VRE가 차지하는 비율이 높을수록 백업 용량이 적게 사용되어 자산 활용률이 낮아진다. 따라서, VRE의 점유율이 어느 일정한 수준을 초과하게 되면 백업 비용은 대수적으로 증가한다(IEEJ 2020, p.124도 참고).

c. 따라서, 백업 용량은 현재 장기 저장(방식)을 대체할 수 있으며, 백업 용량은 다른 용도의 비용이기 때문에 여기에는 별도의 범주로 포함시켰다. 계산이 중복되지 않도록 하는 것은 중요하다.

7. **환경 비용**

전반적인 가치사슬에 따라 발전 기술로 인한 모든 배출 및 비배출로 인한 환경 영향의 실제 비용(임의의 세금이나 보조금이 아님)이 포함된다. 이는 설비 구축부터 장비 재활용까지의 생애 주기에서의 온실가스(GHG), 미세 입자, SOx, NOx와 같은 대기오염 물질에만 국한되지 않고, 비배출 영향에 대한 기후 영향 및 식물 및 동물 생태에 미치는 영향 등을 포함한다. 또한 원자재 추출 및 재활용에서의 영향도 고려된다(쉐르니카우와 스미스 2022 및 스미스와 쉐르니카우 2022 참고).

a. 대규모 풍력 및 태양광 발전 시설의 기후 및 온난화 효과는 잘 문서화되어 있지만 산업계, 정책 입안자 및 투자자들에 의해 대부분 무시되고 있다(Barron-Gafford 등 2016, Miller and Keith 2018, Lu 등 2020, 스미스와 쉐르니카우 2022 참고). 태양광 및 풍력이 비용이 들지 않는다는(공짜 또는 무료) 개념은 기후, 환경 및 생태적 영향과 상충된다. 태양광 발전 단지와 풍력 발전 단지의 규모가 크게 증가함에 따라 태양광과 풍력의 실제 '연료' 비용이 나타난다는 것이 명확하게 드러나고 있다.
b. 그 외에도 바이오매스의 환경 비용은 무어(Moore)의 2020년 다큐멘터리 <인간의 행성(Planet of the Humans)>에서 충분히 입증되었으나 때로는 논란의 대상이 되기도 한다.
c. 모든 식물 생태계에서 입증된 비료 효과로 인한 CO_2의 유익한 면 역시 환경에 대한 부정적인 비용과 함께 고려되어야 한다(Zhuetal. 2016, NASA 2019, WEF 2019).
d. 화석 연료로 인해 발생한 환경 비용(GHG 제외)은 공정하게 평가되고 포함되어야 한다.
e. 지구 온난화 비용에 대해서는 Nordhouse 2018, Lomborg 2020, Kahn 2021과 이 책의 4.3장 「탈탄소 및 '탄소 제로' - 저소득층에 대한 비용」에 잘 나타나 있다.

8. 재활용 비용:

발전 및 예비 전력 장비의 수명이 다한 후, 폐기 또는 복원에 대한 비용. INSEAD와 하버드에서 발표한 '태양 에너지의 숨겨진 비용'도 참고(Atasu et al. 2021).

9. 공간 비용(종종 토지 면적 또는 에너지 스프롤이라고도 함)

공간 비용은 풍력, 태양광 또는 바이오매스와 같은 낮은 에너지 밀도의 '재생' 에너지와 관련된 새로운 비용 범주이다. 풍력, 태양광 또는 바이오매스의 ㎡당 낮은 에너지 밀도로 인해, 이러한 발전 설비는 적어도 가변성 재생 에너지(VRE)에 비해 무시할 수 있는 정도의 공간 비용이 드는 기존 에너지 발전 설비보다 훨씬 더 많은 공간을 차지한다. 이처럼 더 넓은(큰 토지 면적) 공간이 요구되는 상황은 우리 환경에 부정적인 영향을 미친다. 따라서 더 많은 면적이 요구되는 것은 환경적, 생태 및 거주 공간의 필요성과 직접적으로 상충되기 때문에 반드시 고려되어야 한다.

a. 공간 비용에는 더 넓은 면적이 요구되는 것과 관련된 직접 비용과 기회 비용, 예를 들어 해상 운송로, 경작지, 숲, 도시 지역, 건조한 지역의 물 부족 증가, 소음 공해 등에 대한 영향이 포함된다(Nguyen et al. 2021 a/b, Roos 및 Vahl 2021). 7번 항목의 환경 비용 등을 고려하여, 이중으로 계산되는 것은 피해야 한다.

b. 인도에 새로운 석탄 발전소를 건설하려면 1GW당 설치 용량이 약 2.8㎢에 석탄 채굴을 위한 면적(Zalk and Behrens 2018, CEA 2020)이 필요하다. 채굴이 완료된 후에는 예전의 지상의 높이에 맞게 복원되어야 한다. 새로운 태양광 발전 단지는 1GW 설치 용량당 약 17㎢의 면적과, 태양광 발전을 건설하기 위해 자원을 채굴할 면적이 필요하다(풍력 발전은 태양광 발전의 두 배 이상의 공간(면적)이 있어야 한다). 1GW의 태양광 설치 용량은 태양광의 낮은 용량 계수로 인해 훨씬 적은 전기가 생산된다. 스페인의 평균 태양광 용량 계수, 16.5%를 조정하면 이것은 태양광에 있어서 93㎢ 또는 석탄에 비해 33배의 넓은 면적 배수로 나타난다. 태양광의 간헐적 특성으로 인해 백업 및 저장을 위한 추가적인 공간과 백업(보조) 장치를 '충전'하기 위해 과잉 시설

이 요구된다(쉐르니카우 및 스미스 2021).

c. 설치된 용량이 높아질수록 공간(면적) 요구량이 늘어나고, 설치된 VRE의 MW당 필요한 공간 비용은 증가한다. 이는 대형 풍력 발전소에서 용량 계수가 감소하는 것과 관련이 있다(스미스와 쉐르니카우의 2022년의 웨이크 효과 참조). 또한 최적 수준 이상의 추가적인 가변성 재생 에너지(VRE)가 사용될 경우에 효용성이 감소하는 것과도 관련이 있다(NEA 2018, p.84).

10. 기타 지표:

전력의 전체 비용(FCOE) 세 가지 추가 요소는 금전적으로(미국 달러) 측정되지 않지만, 전력 생산의 환경 효율성에 대한 중요한 지표이다. 이러한 측정 지표는 균등화 발전 비용(LCOE)에 포함되지 않는다.

a. 서비스 단위당 재료 투입량(MIPS/Material Input per Unit of Service): MW 용량당 원자재 톤으로 측정되는 에너지 설비의 재료 또는 자원 효율성과 생산된 전기의 MWh당 재료 투입량을 측정하는 지표이다(그림 22). 따라서 에너지 설비의 MIPS는 환경 영향의 중요한 요소를 측정한다. 미국 에너지부(DOE)와 국제에너지기구(IEA)는 '재생' 에너지 기술 및 생산 용량에 대한 높은 재료 투입을 문서화하고 있다(그림 22 및 DOE 2015, IEA Minerals 2021, p.6). 콩고민주공화국의 코발트 채굴에 대한 인적 비용은 Davie 2022를 참조하면 된다. 화석 연료 물질의 투입 및 위험도에 대해서도 공정하게 평가되어야 한다.

b. 사용 연한: 장비가 폐기되거나 교체되기 전에 장비가 평균적으로 사용되는 기간을 측정한다. 우리는 풍력과 태양광을 개선(업그레이드)하게 되면 설계된 사용 연한이 상당히 감소된다는 점을 고려해야 한다. 전통적인 방식의 발전소 수명이 가

변성 재생 에너지(VRE)보다 세 배에서 네 배 정도 더 길다는 것은 드문 일이 아니며, 풍력 및 태양 에너지 시설은 '개선(업그레이드)'으로 인해 설계한 것보다 사용 연한이 짧다. 풍력 터빈 로터는 일반적으로 8~10년 후에 교체되며, 이는 풍력 터빈의 예상 수명의 절반도 못 미친다. 대형 풍력 터빈의 로터 제거, 재활용, 설치 및 다시 균형을 맞추는 작업은 가동 중단 시간이 상당히 요구되는 복잡한 작업이다.

c. 투자 대비 에너지 수익률(Energy Return on Investment, eROI): 대부분의 측정 항목을 종합적으로 요약하지만, 비용보다는 순 에너지 효율성에만 관심이 있다. 투자 대비 에너지 수익률(eROI)은 또한 건물, 운영 및 재활용 장비의 에너지 효율성을 고려한다. 내장되거나 내재된(embedded or embodied energy) 모든 에너지를 포함한다. 투자 대비 에너지 수익률(eROI) 이 2:1인 것은 출력 에너지 2kWh당 1kWh의 에너지가 투입되는 것을 의미한다. 와이스바흐 등(Weissbach et al. 2013)에 따르면 북유럽의 태양광 및 바이오매스의 투자 대비 에너지 수익률(eROI)은 2~4 사이의 버퍼가 있다(버퍼는 백업과 저장 포함). 프리에토와 홀(Prieto 와 Hall, 2013)의 자료에서는 스페인은 태양광의 eROI가 ~2.5인 것으로 추정한다. 원자력의 eROI는 약 75이고 석탄과 가스는 약 30으로 낙관적으로 생각된다. 가장 효율적인 산업화 이전 문명이었던 로마 문화에서는 2:1의 eROI에 이르렀다. 실제 eROI 값에 대해서는 많은 불확실성이 남아있다. 이는 다음 장에서 언급하도록 하겠다.

전기 전체 비용(FCOE)은 인간에 의한 기후 변화와 연결하여 에너지 전환으로 야기되는 글로벌 비용을 측정하는 것처럼 기존 사회에 대한 실제 비용을 측정하려고 시도했다. 여기서 강조하는 바는 전체 전기 비용(Full Cost of Electricity, FCOE)은 세금이나 보조금을 포함하지 않는다는 것이다. 정부는 때로는 이러한 실제 비용을 모방하고 연구 개발을 지원하거나 세금 수입을 위해 정부가 정한 가격이나 세금을 부과하기도 한다. 전기의 전체 비용(FCOE)는 모든 '실제 비용'을 고려하므로 세금, 보조금 또는 특정 요소의 가격(비용이 아닌 가격)을 포함해야 하는 투자 결정에 적합한 지표가 아닐 수 있다.

따라서 풍력, 태양열 또는 화석 연료에 대한 직접 및 간접 보조금은 포함되지 않는다(해당 설명은 25페이지의 각주 3 참조). 가변성 재생 에너지(VRE)의 경우, 그에 대한 간접 보조금은 '탄소' 세금의 부재를 포함한다. 비록 태양 및 풍력 시스템의 생산 및 재활용이 상당한 온실가스 배출을 야기하지만 '탄소'세가 부과되지 않기 때문이다. 풍력 및 태양광에 대한 간접 보조금에는 앞서 설명하고 OECD 보고서(OECD NEA 2018, p.39)에서 자세히 설명한 바와 같이 가변성 재생 에너지(VRE)의 통합 비용에 포함되지 않는다.

현재, CO_2 또는 '탄소' 세금은 연료(화석 연료) 연소로 인한 직접적인 CO_2 배출만을 포함하고 있으며, 수명 주기 배출량, 메탄 및 기타 온실가스는 제외되어 있다. 또한 인간에 의한 CO_2 배출량 중 약 절반 미만이 대기 중에 머무르고 있으며, 나머지는 자연에 의해 흡수된다(쉐르니카우와 스미스의 2022년 저서 『Climate Impacts of Fossil Fuels』에 자세히 설명되어 있는 IPCC 보고서 참조). 잘못된 점은 이러한 사실이 어떠한 '탄소' 과세 체계에서도 고려되지 않는다는 것이다. 따라서 CO_2 세금은 오해를 불러일으키며 잘못된 것이며, '기후를 이유'로 석탄에서 가스로 전환하는 것과 같은 원치 않는 경제적 및 환경적 왜곡을 초래한다. 이는 가스 및 특히 LNG 생산과 관련해서, 더 높은 기후 영향을 주는 메탄 가스 배출, 다른 기후 영향 요소(Mar et al. 2022, p.133, Dreyfuss et al. 2022) 및 '재생 에너지'와 전기 자동차의 '범위 3' 배출과 같은 것들을 고려하지 않음을 의미한다.

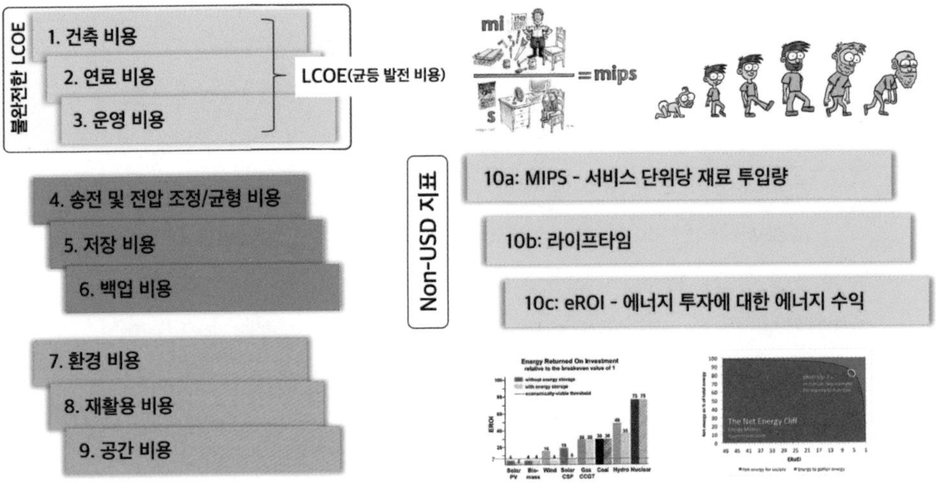

그림 28: 기존 사회에 있어서 전체 전기 비용(FCOE) - 전체 그림

참고: 초보자를 위한 에너지 투자 수익률(eROI)의 에너지 절벽을 나타낸 알렉산드라 마틴의 원작 만화, Seppo.net의 MIPS 만화, 와이스바흐 2013 등의 eROI에 대한 설명

위의 분석에서는 전력의 균등화 발전 비용(LCOE)은 건설 비용(1), 연료 비용(2), 운영 비용(3) 및 때로는 특정 CO_2 세금(환경 비용의 일부 7)만을 포함하고 있기 때문에, 신뢰성이 없고, 이를 통해 국가적 사회적 차원에서의 다양한 형태의 에너지 생성에 대해 환경적으로나 경제적으로 타당한(실행 가능한) 측정 방법이 아니라는 결론을 내릴 수 있다. 유일하게도 전기 전체 비용(FCOE)은 배출 및 비배출에서 발생하는 그와 관련된 모든 경제적 환경적 비용을 포함시켰다. 그 실제 비용(가치)을 산출하기가 어렵기는 하지만, 그렇다고 불가능한 것은 아니다. 아직 아무도 실질적인 전기 전체 비용(FCOE)을 계산하지 않았기 때문에, 우리는

전기 전체 비용(FCOE)이 균등화된 발전 비용(LCOE)보다 높다고 명시하는 것 외에는 전기 전체 비용(FCOE)을 균등화된 발전 비용(LCOE)과 비교할 수 없고, FCOE를 계산하는 것은 복잡하고 재정 및 인적 자원이 요구되는 대대적인 작업이다. LCOE에서 FCOE로의 비용이 증가하는 것은 기존의 에너지보다 가변적인 '재생' 에너지가 훨씬 더 크다.

세계적으로 유명한 에너지 관련 싱크탱크인 프랑스 소재의 국제에너지기구(IEA), 일본의 에너지경제연구소(IEEJ), OECD 및 미국의 에너지정보국(EIA)과 같은 기관들은 여러 차례에 걸쳐 균등화된 발전 비용(LCOE)의 불완전성을 지적해왔다. 균등화된 발전 비용(LCOE)은 이러한 결함이 있음에도 불구하고 널리 사용되고 있으며(IEA WEO 2022, p.37), 이러한 기관들뿐만 아니라 정부, 은행, 연구소, 비정부 기구, 기업, 대형 컨설팅 회사, 많은 과학자들 및 언론 매체들도 명확한 고지 사항이나 주석 없이 균등화된 발전 비용(LCOE)을 사용하고 있다.

전통적인 연료와 가변적인 '재생' 에너지(VRE, 풍력 및 태양)가 혼합되어 한 국가의 전기를 공급하게 되면 원치 않는 영향이 발생한다. 이러한 영향은 위에서 나열한 전기 전체 비용(FCOE) 범주 1~10을 통해 전체적으로 측정될 수 있다. 예를 들어, 국가의 전력 시스템에 대한 비용은 적은 용량 점유율을 넘어 풍력 및 태양광과 같은 가변 '재생' 에너지(VRE)의 점유율이 높아질수록 항상 증가한다(IEEEJ 2020, p.124, IEA 2019, IEA 전기 2020, p.13). 전기 비용 증가는 이전에 논의한 에너지 밀도와 효율성의 차이뿐만 아니라 간헐성 및 백업/저장 요구 사항, 낮은 수용률, 상호 연결 비용, 재료 및 에너지 비용, 낮은 에너지 투자 수익률(eROI), 백업 용량의 효율 손실, 필요한 공간 및 식물/동물 생태계 파괴에 대한 공간 비용, 재활용 요구 등을 포함한다.

2020년 12월, IEA는 다음과 같은 사실을 확인했다(IEA Electricity 2020, p.14): "…풍력 및 태양 등 가변 재생 가능 에너지의 시스템 가치는 그들의 전력 공급에서의 점유율이 증가함에 따라 감소한다." 이러한 내용은 '재생 에너지'용량의 가격(비용 항목 1: 건설 비용)이 계속해서 하락하거나 제로에 이를 경우에도 변함없을 것이다. 예를 들어, 강제 노동을 부분적으로 사용하는 중국의 석탄 발전으로 생산되는 태양광 패널의 가격이 0에 도달하더라도 이러한 결론은 변하지 않을 것이다(Murphy and Elima 2021). 이는 풍력이나 태양광 기술이 100%의 양자 효율에 도달 하기란 불가능할 것이지만, 그렇게 도달한다 하더라도 재생 에너지의 가치가 감소한다는 사실로 남아있을 것이다.

학습 곡선 JP Morgan 2022, p.39에 의해 설명된 것과 같은 학습 곡선은 경험 곡선과 기술 발전에서 비롯된 에너지 기술에 대한 한계 비용 절감을 정확하게 추정한다. 학습 곡선은 이미 오래된 개념으로서, 1885년 심리학자 헤르만 에빙하우스(Hermann Ebbinghaus)에 의해 자세히 논의되었다. 이는 효율성을 측정하고 비용을 예측하는 방법으로 사용된다(Investopedia 2020). 학습 곡선은 일반적으로 일종의 S자형으로 나타나며, 이는 기술이나 시스템이 더욱 확립될수록 학습 곡선의 영향이 줄어드는 것을 의미한다. '재생 에너지' 기술에 대한 비용 절감 예측과 관련하여, (1)비용의 상당 부분을 차지하는 재료 또는 원료 투입 요구사항과 (2)가변적 '재생 에너지' 기술을 에너지 시스템에 통합해야 할 때 예상되는 한계 비용의 감소는 무의미하다. 따라서 학습 곡선 편익은 한계 비용 기준으로 사실이고 정확하지만, 이 장에서 언급한 바와 같이 전기 시스템에서 가변적 '재생 에너지'의 비중이 커짐에 따라 그 중요성은 감소한다. 또한, 2022년에 나타난 바와 같이 '재생 에너지' 비용이 과거의 하향 추세를 역전시킨 것처럼 원자재와 에너지 투입은 '재생 에너지' 비용에 중요한 역할을 한다. 가변적 '재생 에너지' 통합 비용의 로그적인 증가와 낮은 에너지 투자 수익률(eROI)은 생산 비용의 감소보다 실제 비용을 주도하는 요인이다.

균등화 발전 비용(LCOE)은 간헐적인 형태의 에너지 생산과 전력 수급이 즉시 가능한 에너지 생산을 비교하기에 부적합하다. 따라서 국가나 사회적 차원에서 에너지 정책 결정을 내릴 때도 적합하지 않다. 그러나 균등화 발전 비용(LCOE)은 석탄 및 가스와 같은 유사한 재료 및 에너지 투입과 공급 가능한 발전 방법을 비교할 때 선택적으로 사용될 수 있다. 전기 전체 비용(FCOE) 또는 기존 사회 전체에 대한 비용을 고려하면, 풍력 및 태양광은 기존의 전력 생산보다 저렴하지 않으며, 에너지 시스템 내에서 그 점유율이 증가함에 따라 실제로는 더욱 비싸진다. 이는 특히 가난한 국가들이 소위 '청정' 에너지로의 전환으로 인한 높은 비용에서도 나타난다(4.2장과 그림 38, 맥킨지 2022a 및 우드 맥켄지 2022 참조). 자유 시장 경제에서 풍력과 태양광이 실질적으로 저렴하다면 수조 달러의 정부 자금이나 보조금, 설치와 활용을 강제하는 법률이 필요하지 않을 것이다.

3.2. 에너지 투자 대비 에너지 수익률 - eROI

에너지 시스템의 환경 효율성은 이산화탄소 배출량만 놓고 볼 때보다 더 복잡하다. 특히, 순 에너지 효율성 또는 에너지 투자 대비 에너지 수익률(eROI), 재료 투입, 사용 연한 및 재활용 효율성은 전기 생산을 평가하는 데 매우 중요한 환경 및 경제적 요소를 결정하기 때문에 고려되어야 한다. 현대 사회는 기능을 수행할 수 있도록 최소한의 내재적인 순 에너지 효율성(eROI)을 요구한다. 그림 29에서 설명된 대로 서로 다른 활동에는 서로 다른 최소 에너지 효율성이 요구된다. 더 발전된 사회적 활동일수록 더 높은 순 에너지 효율성(eROI)이 요구된다. 달로 비행하는 것은 가장 진보된 활동 중 하나로, 이것이 현실화되려면 최대한 높은 순 에너지 효율성과 에너지 밀도가 요구된다.

순 에너지 효율성(eROI)은 에너지 수집 시스템의 순 에너지 효율성을 측정하는 지표이다. 이는 태양이나 바람과 같은 '자연적' 에너지 투입이나 추출된 석탄, 가스, 석유, 우라늄과 같은 '자연적'으로 내재된 에너지는 계산에 포함하지 않는다. 순 에너지 효율성(eROI)은 사용 가능한 전기 또는 연료 제품을 소비할 수 있도록 만드는 데 필요한 투입된 에너지를 계산하고, 사용 가능한 출력 에너지와 필요한 입력 에너

그림 29: 선진 사회는 높은 순 에너지 효율성(eROI)이 요구된다.

지의 비율을 계산한다. 에너지 투자 수익률(eROI)은 에너지 생산에 대해서만 고려하며, 에너지 소비에 대해서는 고려하지 않는다.

순 에너지 효율성(eROI)이 높을수록 환경 및 경제적 비용이 낮아져 에너지 가격이 낮아지고 활용도가 높아진다. 순 에너지 효율성(eROI)이 낮으면 환경 및 경제적 비용이 높아져 가격이 높아지고 활용도가 떨어진다. 동일한 출력 에너지를 생산하기 위해 입력되는 에너지를 덜 사용할 때, 우리의 시스템은 환경적으로나 경제적으로 더 실용적이게 된다. 각 출력 에너지 단위에 대해 상대적으로 많은 양의 입력 에너지를 사용하면 '에너지 고갈'이라는 위험이 있다. 순 에너지 효율성(eROI)이 1 이하일 경우 시스템은 에너지 결핍 상태에서 작동하고 있으며, 순 에너지 효율성(eROI)이 ~2:1일 때는 2000년 전 로마의 에너지 효율성과 일치했다.

참고: 스밀(Vaclav Smil)의 『에너지와 문명 - 역사』(2017)는 에너지를 주제로 한 탁월한 책으로 높게 평가받는다. 또한, 순 에너지 효율성(eROI)에 대한 보다 자세한 논의를 원한다면 키퍼 2013과 Delanoy et al. 2021을 권장한다. 키스 등(Kis et al. 2018)은 총 에너지 비율(GER, Gross Energy Ratio) 및 총 외부 에너지 비율(GEER, Gross External Energy Ratio)을 사용하여 순 에너지 효율성(eROI)에 접근한다. 키스 등(Kis et al.)은 GEER을 전 주기 순 에너지 효율성(eROI)으로 정의하고 전 세계적인 GEER 평균은 약 11 대 1로 밝혔다. 심지어 위키피디아에도 순 에너지 효율성(eROI)에 대한 별도의 페이지가 있다. 순 에너지 효율성(eROI)의 복잡성 때문에, 이를 결정하기 위한 접근 방식을 조율하기 위한 많은 연구가 필요하다. 쉐르니카우가 Prof. Michaux 2021의 논문에서 채택한 순 에너지 효율성(eROI)을 계산하기 위한 제안을 참조할 수 있다(그림 31).

카바잘레스 등(Carbajales-Dale 2014)은 평균적인 태양광 전지 패널이 순 에너지 효율 관점에서 "산업이 에너지 결핍 상태로 운영되기 전에" 배터리 저장 용량으로 약 1~3일 가량 저장할 수 있다고 계산했다. 여러 연구자들에 따르면 순 에너지 효율 측면에서 풍력은 저장 기간이 약 80일 이상(배터리 저장 기간 12일) '저장'할 수 있다. 그들의 계산에 대해 우리는 그들이 일부 비현실적인 가정을 한 것으로 판단하여 지나치게 낙관적이라고 생각한다. 앞서 언급한 순 에너지 효율 계산의 경우, 연구원들은 발전 기술이 매일 24시간의 평균 전력 출력을 제공할 수 있는 충분한 에너지 흐름(바람 또는 햇빛)이 공급된다는 단순하지만 비현실적으로 긍정적인 가정을 했다. 이는 태양이나 바람이 없는 날들이나 몇 주 동안은 저장해야 할 요구량이 증가되고 따라서 순 에너지 효율성(eROI)이 더욱 감소한다는 것을 의미한다(2.4장 에너지 스토리지 참조). 카바잘레스(Carbajales-Dale et al.)는 제조 및 새로운 설비 용량 설치에 소비되는 전기 출력의 비율을 포함했다.

자금과 시간 부족으로 상세한 상향식 계산을 하지 않더라도, 시스템 에너지 효율 측면에서 풍력과 태양광은 순 에너지 효율성(eRO)이 낮기 때문에 역사적으로 한 단계 후퇴한 것으로 결론을 내릴 수 있다. 풍력과 태양광을 그리드 규모로 이용하는 것은 에너지 고갈의 위험이 있으므로 경제적으로나 환경적으로 바람직하지 않다. 우리는 특정 응용 분야, 즉 연결되지 않은 외딴 마을의 전기나 온수 또는 그리드에 연결되지 않은 수영장 난방용으로 태양광 및 풍력이 우리 에너지 시스템에 바람직한 보완책이 될 수 있음을 지적하고 싶다. 풍력과 태양광의 설치는 전력 수요가 증가하지 않는다고 가정할 때, 연소되는 화석 연료의 양을 줄인다. 이는 풍력과 태양광을 이용하는 데 유일하게 긍정적인 것이다. 이러한 긍정적인 측면은 그림 8의 가변적 '재생' 에너지 발전의 단점에서 설명된 바와 같이 많은 비용이 들어간다.

또한 바이오매스는 무어와 와이스바흐 등(Moore 2020 및 Weissbach et al. 2013)의 다큐멘터리 <Planet of the Humans>에 자세히 설명된 바와 같이 환경에 상당한 부정적인 영향을 미치고 순 에너지 효율성(eROI)이 낮다. 미국 에너지 보호국은 바이오 연료의 경제학(EPA 2022)에 대해 다음과 같이 썼다.

"…많은 바이오 연료 공급 원료는 토지, 물 및 기타 자원들을 필요로 한다. 연구에 따르면 바이오 연료 생산은 여러 가지 바람직하지 않은 영향을 미칠 수 있다. 잠재적인 단점으로는 온실가스(GHG) 배출 증가를 유발시킬 수 있는 토지 사용 패턴의 변화, 수자원에 대한 압력,

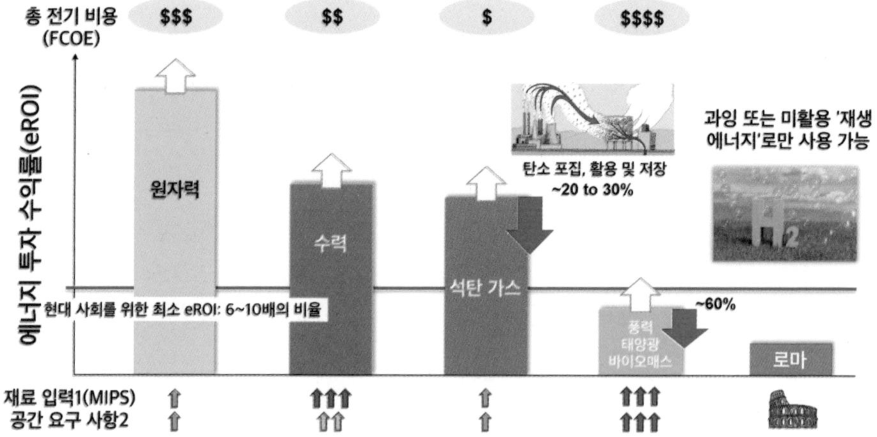

그림 30: 순 에너지 효율성(eROI) 및 재료 효율성의 개념 예시

참고: 흰색 화살표는 미래의 기술 개선을 나타낸다. 빨간색 화살표는 CCUS 또는 '그린' H_2 시스템에서 에너지 손실 및 그에 따른 순 에너지 효율성(eROI) 손실을 나타낸다.

(1) 재료 입력 MIPS는 자원 효율성, 즉 출력 단위당 필요한 재료 입력을 측정한다. 예를 들어 발전 용량을 구축하는 데 필요한 재료를 포함하는 생산된 전기의 MWh당이다.

(2) 공간 요구 사항은 생산된 전기 단위당 토지 면적을 측정한다.

대기 및 수질 오염, 식품 비용 증가 등이 있다. 공급 원료 및 생산 공정과 분석 시간 범위에 따라 바이오 연료는 에너지 등가 기준으로 일부 화석 연료보다 더 많은 온실가스를 배출할 수 있다. 바이오 연료는 또한 화석 연료와 경제적으로 경쟁하기 위해 보조금 및 기타 시장 개입을 요구하는 경향이 있으며, 이는 경제에 막대한 손실을 초래한다."

산업 혁명은 바이오매스, 수력 및 풍력에 대한 인류의 의존도를 낮췄다. 새롭게 발견된 높은 순 에너지 효율성(eROI)의 석탄 에너지를 기반으로 한 이 에너지 혁명은 생활 수준, 기대 수명 및 산업화의 극적인 증가를 가능하게 했을 뿐만 아니라 중노동의 감소와 노예 제도의 폐기를 가능하게 했다. 이 혁명이 인간의 삶에 미치는 긍정적인 영향은 에너지 가용성 및 에너지 효율성(eROI)의 급격한 증가에 한해서만 가능했다. 이 에너지 혁명은 100% 바이오매스 연소에서 화석 연료, 수력, 이후 원자력으로 다양화하는 것과 관련이 있다.

산업 혁명 이전에는 로마 제국 시대에 인류의 발전이 최고점에 도달했으며, 지속적인 eROI는 약 2 대 1[1]로 추정된다. 20세기에는, 석유의 높은 순 에너지 효율성(eROI), 더 높은 에너지 밀도, 그리고 그 다양성으로 인해 자동차, 항공기, 그리고 로켓으로 운송 혁명을 가능하게 했다. 석유 발견의 중요성을 이해하기 위해, 원유 3 테이블스푼에는 8시간에 해당하는 인간의 노동이 들어 있다고 생각해 보면된다(키퍼 2013 및 아래 각주). 그림 30은 오늘날의 전기 시스템에서 순 에너지 효율성

1 키퍼의 2013 논문을 기반으로 한 결과: 인간 및 소의 eROI는 최대 작업 출력을 음식 열량 투입으로 나눈 비율로, 홈어-딕슨의 온라인 데이터에서 계산한 값은 0.175:1이다. 로마 밀의 eROI는 음식 열량 출력을 노동 및 종자 곡물 투입으로 나눈 비율로 10.5:1이다. 알팔파의 eROI는 27:1이다. 밀을 먹는 인간의 무거운 노동 eROI는 0.175 x 10.5 = 1.8:1이다. 알팔파를 먹는 소의 eROI는 0.175 x 27 = 4.7:1이다. 인간과 소를 협력시켜 휴식 시간 및 가벼운 작업/숙련 노동과 무거운 노동에 대한 감소를 적용하면 최대 4.2:1 eROI와 지속적인 1.8:1 eROI가 된다.

(eROI)의 개념과 탄소 포집 및 저장(CCUS) 또는 수소의 저장이 순 에너지 효율성(eROI)에 미치는 영향을 개략적으로 보여준다(Superkar 및 Skerlos 2015).

유안 민스 박사(Euan Mearns 2016)는 키퍼의 연구를 기반으로 순 에너지 효율성(eROI)을 설명하고, 현대 생활은 최소 5~7의 순 에너지 효율성(eROI)을 요구하는 반면, 대부분의 태양광 및 많은 풍력 설비는 위치에 따라 5 미만의 eROI를 갖고 있으므로 사회 전반을 지원하는 데 있어서 본질적으로 에너지가 부족하다고 지적한다. 프리에토와 홀(Prieto 와 Hall 2013, p.115)에 따르면, 스페인의 태양광은 약 2.5의 eROI로 추정되며, 이는 로마 제국의 평균 eROI보다 조금 높다. 와이스바흐(Weissbach et al. 2013)에 따르면 북유럽의 태양광 및 바이오매스는 약 2~4의 버퍼가 있는 eROI를 갖는다. 원자력의 eROI는 약 75이고, 석탄과 가스의 eROI는 약 30인데도, 우리는 이것을 너무 낙관적인 것으로 간주한다. 키퍼는 '순 에너지 절벽'에 대해, 순 에너지 효율성(eROI)이 감소함에 따라 사회가 에너지 수집 활동에 그 어느 때보다 점점 더 많은 양의 작업을 투입하게 됨을 보여주는 것이라고 정의한다.

한 가지 예는 고용이다. 순 에너지 효율성(eROI)이 5~7 미만이면 너무 많은 사람들이 에너지 수집 산업에서 일하게 될 것이며, 따라서 현재 배려를 중시하는 사회가 요구하는 다른 모든 직분을 감당할 충분한 인력이 남지 않을 것이다. 그러나 일각에서는 인공지능으로 인해 인간 노동에 장기적 위협이 될 것으로 예상되기 때문에 이것이 바람직하다고 주장할 수도 있다.

국제에너지기구(IEA)의 최근 세계 에너지 전망(IEA Investments 2021)은 '재생' 에너지 시스템에서 전 세계 고용이 증가할 것이라고 확인했다. 결국 이는 '재생' 에너지 기술력의 순 에너지 효율성(eROI)이 낮다는 증거를 제공하는 셈이다. 맥킨지(맥킨지 2018)에서는 순 에너지 효율성(eROI)

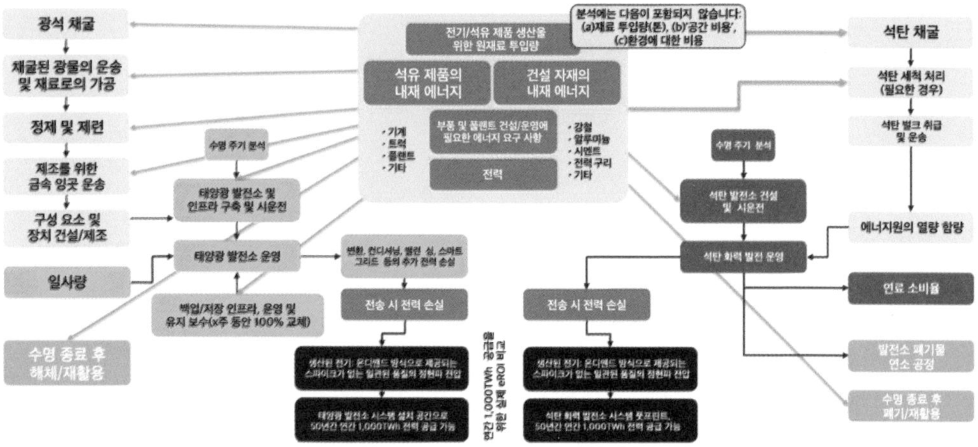

그림 31: 석탄과 태양광 PV를 비교하기 위해 제안된 순 에너지 효율성(eROI) 연구의 예

참고: 미쇼(Michaux) 교수는 소비자에게 연간 1,000TWh의 순 전기 공급에 대한 실제 순 에너지 효율성(eROI)을 비교해보도록 제안했다.(이 분석은 쉐르니카우에 의해 태양광에 대한 백업(보조) 또는 저장에 필요한 요구 및 재활용을 포함하도록 개선되었다.)

개념을 고려하지 않고 자동화는 하위직 근로자를 대체할 것이라고 주장하고 있으며 이러한 추세는 이미 잘 진행되고 있다. 더 높은 기술 및 지적 능력이 없는 사람들은 미래의 노동력 시장에서 고용되지 않을 수 있다. 사실상 맥킨지는 향후, 보다 노동 집약적인 에너지 시스템에 충분한 노동력을 사용할 수 있을 것으로 보고 있다.

에너지 투자 수익률(eROI)의 원리는 사회의 에너지 효율성의 핵심이며, 이는 인류의 발전과 생존의 핵심이다. 오늘날의 순 에너지 효율성(eROI)에 대한 지식은 충분하지 않으며, 아직은 보다 더 정확한 수치를 제시할 수 없다. 우리는 그림 31의 논리에 따라 모든 형태의 에너지 생성에 대한 순 에너지 효율성(eROI)을 추정하기 위한 과학적 노력을 전 세계적으로 추진해 줄 것을 제안한다.

3.3. 열역학 제2법칙이 에너지 시스템에 미치는 영향

서문에서는 이미 열역학 제1법칙과 제2법칙을 소개했다. 그림 32는 열역학 법칙의 기능을 요약하려고 한다. 열역학 제1법칙은 기본적으로 에너지가 절대 손실될 수 없으며, 단지 한 형태에서 다른 형태로 변환될 뿐이라고 명시하고 있으므로 간단하게 설명한다.

열역학 제2법칙은 에너지의 유용성 또는 유용 가치(높은 엔트로피=높은 무질서 또는 낮은 에너지값)를 나타내는 엔트로피 개념을 도입한다. 본질적으로 제2법칙은 자연 상태에서 열이 항상 따뜻한 곳에서 차가운 곳으로 이동하며 그 반대로는 이동하지 않는 이유를 설명한다. 에너지가 한 형태에서 다른 형태로 변환될 때, 엔트로피는 항상 증가하고 '유용한' 에너지는 손실된다. 현대 에너지 시스템에 대한 논리적 결론은 에너지의 변환 및 저장을 피하고 가능한 한 에너지 시스템의 복잡성을 증가시켜야 한다는 것이다. 이것이 유용한 에너지의 손실을 초래하기 때문이다(그림 33). 정확히 이러한 이유로 '재생' 에너지 시스템은 사용 가능한 에너지 손실을 초래하며, 에너지 변환으로 인해 순 에너지 효율성(eROI)이 사회의 지속 가능성 임계값 아래로 감소하는 경우 문명은 이

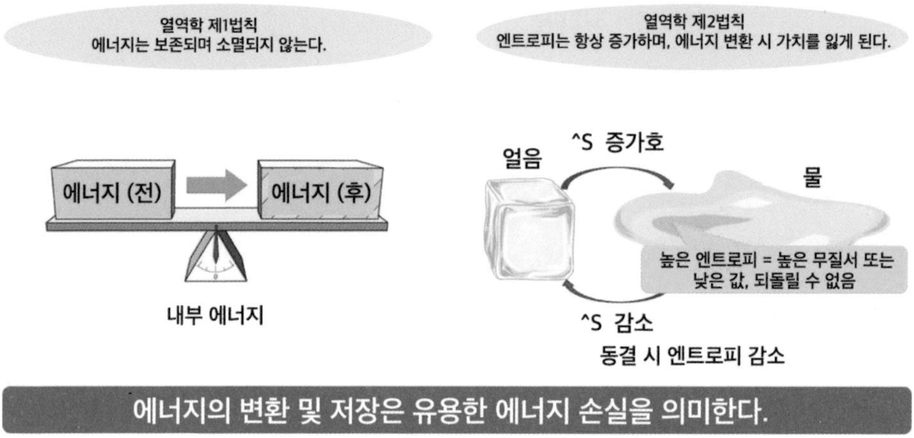

그림 32: 닫힌 시스템의 열역학 제1법칙과 제2법칙

를 허용할 수 없다.

이러한 유용한 에너지의 손실은 시스템 에너지 효율의 감소로 직결되기 때문에 매우 중요하다. 풍력을 수소로 변환하고, 수소를 저장 및 전달, 그리고 다시 수소를 전력으로 변환하는 직접적인 결과는 낮은 순 에너지 효율성(eROI)이다. 이는 또한 직접적으로 우리 생태계의 온난화를 초래한다. 이는 손실된 에너지는 결코 실제로 손실되지 않고 본질적으로 상대적으로 낮은 효용 가치의 열이나 더 높은 엔트로피로 나타나기 때문이다. 가스 또는 석탄 화력 발전소의 순 효율은 열역학 제2법칙의 직접적인 결과이다. 보일러, 터빈, 발전기에서 발생하는 모든 공정은 에너지가 소모되는 과정이며 이는 우리 환경에서 낮은 값의 열/폐열 형태로 손실된다.

이 장에서 우리는 풍력 및 태양 에너지와 같은 가변적 '재생' 에너지로의 '그린' 에너지 전환이 이미 전기 비용을 상당히 증가시키고 있으며, 앞으로도 지속적으로 증가할 것이라는 사실을 지적한다. 우리는 4.2장에서 이러한 비용 상승이 주로 가난한 사람들과 개발도상국들에게 부담이 될 것임을 확실히 밝힐 것이다(맥킨지 2022a, 우드 맥켄지 2022, 그림 38). 열역학 제2법칙의 개념을 통해 우리는 '친환경' 에너지 전환이 전 세계 순 에너지 효율성만 감소시킬 뿐이라는 중요한 이유를 하나 더 확인했다. 이는 '친환경' 에너지는 더 복잡한 에너지 시스템을 필요로 하고 저장, 변환 및 전송 손실을 증가시키기 때문이다. 국제에너지기구(IEA)는 에너지 전환에 전력 시스템 계획의 혁신이 필요하다는 기사(IEA 2022, 그림 33 참조)에서 복잡성 증가 문제를 다음과 같이 요약했다.

"주요 전력 공급원으로서의 중앙 집중식 화력 발전소에서 벗어나는 것은 전력 시스템을 더욱 복잡하게 만든다. 안정적인 전기 공급을 유지하기 위해서는 여러 종류의 다양한 서비스가 있어야 한다.

충분한 에너지를 공급하는 것 외에도 여기에는 최대 용량 요구 사항 충족, 단기 교란 중에 전력 시스템을 안정적으로 유지하고 공급 또는 수요 변화에 대응하여 증감할 수 있는 충분한 유연성이 포함된다."

열역학 제1법칙은 우리가 생산하고 소비하는 에너지가 낮은 효용가치나 높은 엔트로피 열로 끝나며, 이로 인해 우리의 생태계가 더욱 더 뜨거워지고 측정된 온도 상승에 기여한다는 것을 말한다(수치는 Soon 등의 연구 2015 참조). 인류의 연간 총 에너지 소비량은 연간 태양 에너지 투입량 보다 4,000배 이상 적기 때문에 전체적으로는 무시해도 될 정도이다. 그럼에도 불구하고 인구 밀집 지역 및 에너지 소비 지역 주변에서 측정되는 온도 상승에 영향을 준다. 또한 우리가 생산하는 모든 제품에는 열의 형태로 즉시 방출되지 않는 내재 에너지가 있다. 이러한 제품은 또한 원래의 요소로 재활용하는 데 큰 에너지 비용이 들기 때문에 엔트로피가 높아지는 것을 의미한다. 즉, 모든 인간의 존재와 생산은 더 높은 엔트로피로 가는 단계로 볼 수 있다. 4.3장에서 언급할 열

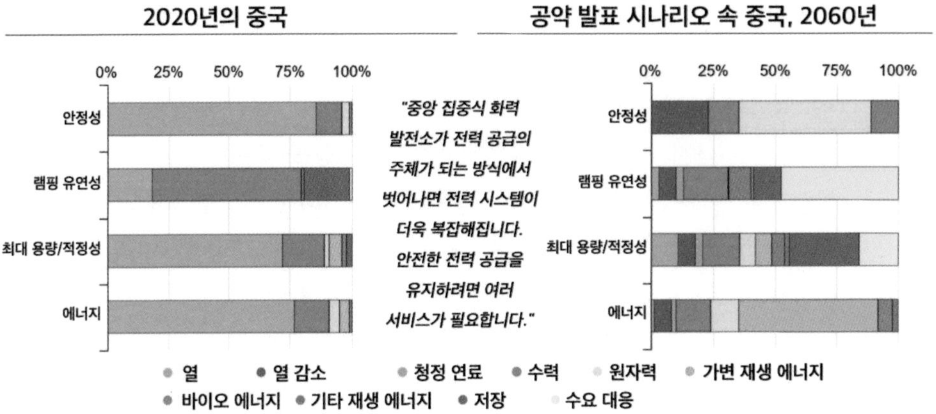

그림 33: 중국의 현재 및 미래 에너지 안보

섬 효과는 또한 우리 주변으로 방출되는 열을 나타내는 것이며 도시화로 인한 지역적 결과이다.

원자력, 석유, 석탄, 가스 또는 지열과 같은 에너지원으로부터 에너지를 생산할 때, 우리는 '지구 내부에 있는' 에너지를 가져와 최종적으로 지역적으로 온난화에 기여하는 낮은 효용 가치의 열로 변환한다. 태양 복사로부터 에너지를 사용하기 위해 태양광 패널이나 풍력 터빈을 사용하는 경우, '순' 지구의 온난화를 피할 수 있는 유일한 방법은 태양광 패널의 증가로 인한 온난화, 대기 순환의 변화 및 기타 지역 기후 영향을 고려하지 않는 것이다(Barron-Gafford 등 2016, Lu 등 2020, Miller 및 Keith 2018, 스미스 및 쉐르니카우 2022). 또한, 태양광 및 풍력 에너지는 태양 에너지 발전과 사용에 필요한 장비 또는 시스템을 구축하고 재활용하는 데 사용되는 에너지를 무시한다면 '순' 지구 온난화를 피할 수 있다. 석탄이나 가스와 같은 높은 CO_2 배출 형태의 에너지 생산은 시비(비료)

효과와 녹화를 통해 지구 온난화를 부분적으로 상쇄시킴으로써 태양 에너지의 온난화를 감소시킨다. 태양 복사는 식물을 성장시키거나 지구를 온난하게 하는 또 다른 역할을 한다(쉐르니카우와 스미스, 2022 참조).

제4장

에너지와 '탈탄소화'의 미래 예측

제4장

에너지와 '탈탄소화'의 미래 예측

'청정 에너지 전환'이 이루어지기 위해서는, 보스턴컨설팅그룹(The Boston Consulting Group(BCG 2021b))은 글로벌 풍력 및 태양광 발전 용량이 지난 20년 동안 독일에서 과잉 건설됐던 것과 비슷한 수준으로 증가할 것으로 예측하고 있다(그림 7 및 그림 34 참조). 2020년 전 세계 발전 용량은 총 8,000GW이며, 그중 1,400GW 이상이 풍력 및 태양광이었다. 2022년 3월, 세계적으로 설치된 태양광 용량이 1,000GW에 도달했으며 이에 대한 보도가 있었다(pv-Magazine 2022). BCG는 8년 후(글을 쓰는 시점에서)인 2030년이면 풍력과 태양광만으로도 8,600GW에 도달할 것이라고 전망했으며, 이는 현재 전 세계의 발전 용량의 두배에 달하는 것이다. BCG는 2002년부터 2021년까지 20년 동안 독일에서 일어난 것과 같은 방식으로 수 년 내에 가변적 '재생' 에너지 용량이 전 지구적으로 두 배로 증가해야 한다고 예상한다(그림 7).

BCG는 또한 2021년 국제재생에너지기구(IRENA) 전망 데이터를 기반으로 2050년까지 전 세계에 설치된 풍력 및 태양 에너지 용량이 현재 전 세계 발전 용량의 거의 4배인 22,000GW에 도달할 것으로 예

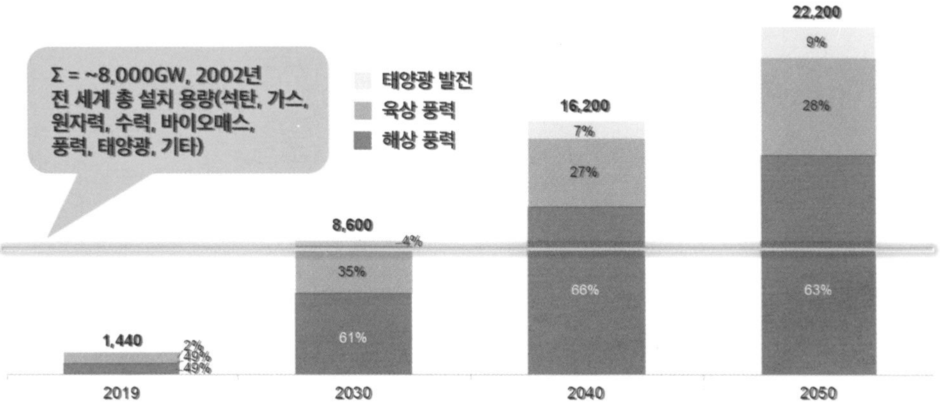

그림 34: 2050년경 풍력/태양광 (설비) 용량은
현재 총 용량의 거의 4배가 될 것으로 예측

측한다. 우리는 우리의 분석을 통해 이러한 일이 일어나기 전에 세계가 에너지, 원자재, 공간 및 자금이 바닥날 것이기 때문에 이러한 명판 예측 용량에 도달하지 못할 것이며, 도달한다 해도 이 책에서 설명한 것처럼, 사회에 대한 경제적, 환경적 영향은 거의 파괴적일 것이다.

이러한 풍력 및 태양광 설치 용량의 무리한 확장은 더 취약하고 값비싼 에너지 시스템을 초래할 것이다. 또한 환경에 부정적인 영향(공간 요구 사항, 백업 시스템, 자재 공급, 에너지 투자 수익률(eROI), 재활용 요구 사항, 지역 기후 영향 등 참조)을 미치고, 예상되는 인위적 온실가스(GHG) 배출 감소로 인해 바람직한(모델링된) 지구 기후에 대한 긍정적인 영향을 상쇄한다. 또한 인류가 최종 소비할 수 있는 동일한 (양의) 가용 에너지를 만들기 위해 필요한 총 입력 에너지는 크게 증가할 것이다.

긍정적인 측면, 그리고 우리가 보기에 유일한 긍정적인 측면은 에너지 수요가 증가하지 않는다는 가정하에, 그러한 풍력과 태양광 확장으로 채굴된 화석 원료의 사용을 줄일 수 있다는 것이지만 이는 현실적이지 않다. 진정한 문제는 자원 채굴을 시작으로 자재 운송, 가공, 제조 및 운영, 재활용을 포함하는 전체 전 주기를 투명하고 정확하게 분석해 볼 때 총 원자재 사용을 진정으로 줄일 수 있을지 여부이다(그림 22 및 그림 39). 우리의 연구에 따르면, 그렇지 않을 것이라는 결론에 도달하게 된다. '에너지 전환'에 필요한 '새로운' 원자재의 환경적 영향은 세계의 '녹색' 에너지 미래의 인적 비용을 밝힌 콩고(민주공화국)의 코발트에 대한 러시(수요 증가)(Davie 2022), 뿐만 아니라 태양광 PV, 풍력 시스템, 전기차(EV) 등과 같은 '그린' 에너지 제품의 원자재 가공 및 제조에 있어 중국이 우위를 차지하고 있는 것 등이 그 예이다.

4.1. 2050년까지 1차 에너지(PE) 성장

유엔은 지난 100년간 세계 인구가 약 20억 명에서 80억 명으로 증가했으며, 오는 2050년에는 약 100억 명에 이를 것이라고 예상하고 있다(Our World In Data 2021). 인구는 금세기 말까지 약 110억에서 120억을 돌파하며 정점에 달할 수도 있다. 에너지 효율성의 지속적인 개선에도 불구하고, 개발도상국의 생활 수준 향상으로 인해 2050년까지 세계 평균 연간 1인당 에너지 소비량은 ~21,000kWh에서 ~25,000kWh로 증가할 것으로 예상된다(Lomborg 2020, BP 2019).

결과적으로, 그림 35에서 볼 수 있듯이, 2050년까지 전 세계 1차 에너지 소비는 50% 증가할 수 있다(인구 증가 ~25%, PE/1인당 20% 증가). 에너지 수요의 증가는 아시아, 아프리카 및 남미의 개발도상국들에서 주도된다. 선진국들은 인구 감소/정체와 효율성 증가로 인해 앞으로 수십 년 동안 에너지 소비가 줄어들 것으로 예상된다. 그러나 역사적으로 에너지 효율 향상은 항상 에너지 수요를 증가시켰다(Jevons Paradox, Polimeni et al. 2015 참조). 이해를 돕기 위해 우리는 『Life After Google』(Gilder 2018)이라는 책을 적극 추천한다. 이는 전 지구적 컴퓨팅에 필요한 증가한 에너지 요구 사항을 기술하고 있다. 또한, 텍사스에 계획된 가장 큰 수소 생산 시설 중 하나에도 주목해야 한다. 이 시설은 기존 화석 연료 수요를 대체하기 위한 것이 아니라, 향후 일론 머스크의 스페이스X 프로그램의 미래 연료 수요를 충족시키기 위해 설계되었다(2.5장 및 Collins 2022a 참조).

우리는 맥킨지의 최근 모델이 2050년까지 전 세계 1차 에너지 수요가 단 14% 증가하는 데 그칠 것으로 추정하고 있는 것을 거듭 강조한다. 반면, 국제에너지기구(IEA의 2021년)와 국제재생에너지기구(IRENA의 2022년) 자료의 '넷-제로' 경로 모델에서는 2022년부터 약 8년 후인 2030년까지 최대 10%의 1차 에너지 감소가 일어날 것으로 보고있다. 하지만, 우리는 에너지 산업 전반과 함께 이 자료들(IEA 넷-제로 2021, 맥킨지 2021a)에 대해 의문을 제기한다. 이러한 경로와 그들이 요구하는 감소를 이루기 위해서는, 심각한 경제적 제한, 세계적인 빈곤 증가, 인구 감소 및 불필요한 인간의 고통이 따라야할 것이다. 에너지 빈곤의 첫 번째 징조는 2022년 동안 유럽에서 대규모 산업체들이 문을 닫아야만 하는 상황에 처한 것에서 볼 수 있다.

동일한 보고서들을 검토하면, 2020년부터 2050년까지 전 세계 전기 생산량이 거의 두 배가 될 것이며, 이 역시 예상되고 있는 교통의 전기화에 의해 주도될 것으로 추정하고 있다. 일본 에너지경제연구소(IEEJ 2021)는 2050년까지 전 세계 1차 에너지 수요가 30% 증가할 것으로 전망하고 있으며, 반면에 미국의 에너지정보국(EIA)은 우리의 예측과 일맥상통하는 약 50%의 증가를 예측하고 있다. 고버(Kober et al.2020)는 다양한 에너지 시나리오를 비교해서, 본질적으로 모든 에너지 시나리오들이 미래에는 경제 성장과 에너지 소비가 분리될 것으로 예측하고 있다고 지적했다. "검토된 모든 시나리오에서는 1차 에너지 소비량을 초과하는 강력한 전력 발전량의 증가 추세를 나타내고 있다.” 우리는 고버 등(Kober et al.)이 에너지 투자 수익률(eROI), 자재 투입, 또는 Jevons 역설(Paradox)을 고려하지 않았다고 생각한다.

전력 수요의 증가는 1차 에너지 증가를 초과할 것이며, 이는 전 세계적인 운영(operations)의 전기화로 인한 부분적인 영향이다. 우리의 삶이 점점 컴퓨터화되고 ‘가젯화’되고 있기 때문에 1차 에너지에서 전기가 차지하는 비중도 증가할 것이다. 전기는 교통(예: 전기차), 난방(예: 열 펌프), 산업(예: 철강 제조를 위한 직접환원제철법)의 중요한 비-전기 에너지 소비를 대체하도록 되어있다. 우리는 이러한 경우에 풍력, 태양광 또는 바이오매스를 사용할 경우 순 에너지 효율을 감소시킬 것임을 보여주었다.

주요 독일 신문인 Die Welt의 Dierig 2022는 2022년 2월 Thyssen Steel 회장 Osburg의 말을 인용했다. “기후 중립으로 전환하면 뒤스부르크에 있는 유럽 최대 철강 공장의 에너지 수요가 4.5TWh에서 45TWh로 10배 증가할 것이다.” 이러한 추가적인 전력 수요는 함부르크시의 연간 전력 수요의 약 4배 또는 독일 총 전력 소비량의 약 8%에 해당하며, 이는 Thyssen이 이전에 화석 연료를 사용하여 생산한 것과 동일한 양의 철강을 생산하기 위해 필요한 전력량이다.

기술적 향상에 대한 기대에도 불구하고, 향후 2050년까지 예상되는 수요 증가를 충족시키기에 충분한 총 전기 에너지를, 풍력과 태양광이 생산할 수 없을 것으로 생각하는 것이 현명하다. 이는 일본 에너지경제연구소(IEEJ 2021) 자료에서, 참고 사례를 통해 2050년에 이르면 1차 에너지에서 화석 연료가 차지하는 비중이 절대적으로 증가할 것으로 확인되었다. 2021년 7월 국제에너지기구(IEA)는 “…‘재생 에너지’는 2021년과 2022년 전 세계 ‘전기’ 수요 증가 예상의 절반 정도만 공급할 수 있을 것으로 예상된다.”라고 확인했다(IEA Electric 2021). 오늘날

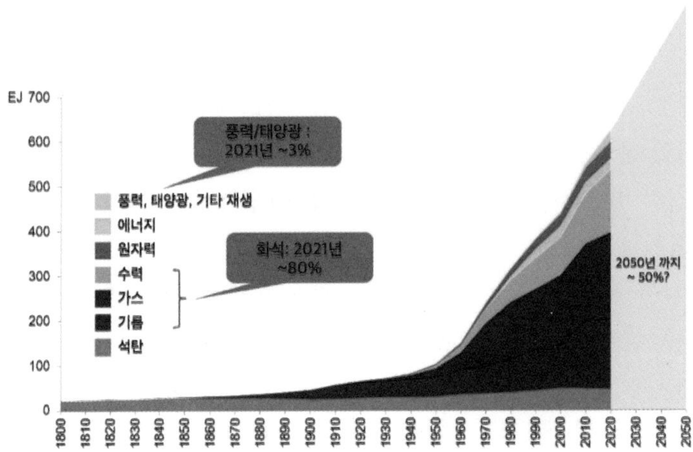

그림 35: 1750년부터 2050년까지의 세계 1차 에너지

참고: 직접 등가 방식으로 변환된 1차 에너지.

1차 에너지의 약 40%가 전기 생산에 사용되기 때문에 '재생 에너지' 점유율은 1차 에너지 증가의 일부(약 20%)에 불과할 것이다(그림 3). 강력한 코로나 이후 경제 회복기인 2021년은 경제 성장을 위해서는 석탄과 같은 화석 연료가 요구됨을 입증했다(IEA Electricity 2022).

풍력과 태양광이 미래의 모든 1차 에너지 수요 증가를 충족시킬 수 있다고 해도, 향후 30년과 그 이후에도 우리는 세계 에너지 수요의 거의 대부분은 (거의 전부가 아니면) 계속해서 기존의 전통 에너지 자원에 의존할 것이 명백하다. 최근의 '넷-제로' 경로(IEA 넷-제로 2021, IRENA 2022)와 시나리오가 이론적으로 성공하기 위해서는 급속한 기술 개발의 진보, 수소 보급, 수요 감소, 가격 및 공급 가용성을 통제할 수 있는 원자재 등과 관련된 매우 낙관적이고 심지어 비현실적인 많은 가정이 필요하다. 그들은 또한 대체로 에너지 투자 수익률(eROI), 자재 투입량, 수명, 송전 인프라 및 현실적인 재활용 가정을 고려하지 않으므로 '재생 에너지'의 부정적인 경제적 및 환경적 영향을 대체로 무시한다. 그러한 모델들은 간헐적이고 낮은 투자 수익률(eROI)의 풍력 및 태양광으로 전환함으로써 발생하는 에너지 부족으로 발생하는 추가 비용은 고려하지 않는다. '재생 에너지' 점유율을 증가시키면 빈곤층이 더 많은 비용을 부담하게 되고 에너지 안보가 저하되는 문제에 대해서는 다음에 논의된다.

4.2. 에너지 부족과 가격 및 경제 활동에 미치는 영향

앞 장에 대한 논리적 경제적 결론은 다음과 같다:

1. 미래의 에너지 요구량은 '넷-제로' 경로와 가능한 모든 '재생 에너지' 발전량을 능가할 것이다.
2. '재생' 에너지는 부족한 자원으로 남을 것이며, 재생 에너지를 광범위하게 채택하는 것은 현재의 선진 문명을 유지하는 데 결정적인 요소인 순 에너지 효율을 맞추지 못하고 임계 수준 이하로 감소시킬 것이다.
3. 실행 가능한 장기적 그리드 규모의 에너지 저장 방법은 아직 발견되지 않았다.

따라서, '재생 에너지'가 충분하지 않는 한, 수력과 같은 다른 '신재생' 에너지로 에너지 생산량을 달성하는 것을 주장하는 어떤 비정부기구나 대기업도 이로 인해 수력 에너지가 부족하게 되면, 그 에너지를 사용하던 소비자가 수력 에너지를 사용하지 못하게 되는 결과를 인식해야 한다. 한 기업의 성장을 위해 희소 자원을 사용해버리는 것은 다른 에너지 소비자들로부터 그 자원을 빼앗는 것이다. 분명히, 사회에 미치는 그린 에너지의 순 영향은 '그린' 에너지를 사용하는 사람과는 무관한 것이다. 또한 저장 또는 운송에 따른 에너지 변환으로 인한 '재생' 에너지의 손실은 피할 수 없으며. 물리적 이론과 경제적 논리에서도 부합되듯이, 최소화되어야 한다.

2021년에 시작된 유럽과 세계의 다른 지역에서 명백한 에너지 부족은 낮은 순 에너지 효율(eROI)과 가변적 '재생' 에너지의 높은 비용을 나타낸다. 전통적인 형태의 에너지에 대한 투자 부족으로 인해 공급 부족이 발생했으며 동시에 풍력과 태양광의 설치만으로 증가된 수요를 충족시키지 못하고 있다. 독일의 소비자 전력 가격은 선진국 중 가장 높으며 이 같은 사실은 전체 전력 비용(FCOE)에서도 명백히 나타나는데, 이는 상대적으로 높은 '재생 에너지' 보급률에 의해 영향을 받는다. 2022년 6월 독일은 모든 화석 연료 투자를 중단하라는 국제에너지기구(IEA), UN 및 세계은행의 제안에 반대하여 G7에 LNG에 대한 투자를 재개하도록 촉구했다. 이것은 긍정적이며 필요한 것이다. 또한 에너지 고갈로 인한 영향이 우리 삶, 특히 가난한 사람들에게, 2100년까지 발생할 기후 변화로 인한 모델링의 영향보다 훨씬 더 나쁘기 때문에 이는 논리적이다(Bloomberg 2022b).

보스턴컨설팅그룹(BCG)과 국제에너지포럼(IEF)은 이미 2020년 12월 에너지 보고서 「새로운 환경 위험과 석유 및 가스 투자」에서 "위기를 피하기 위해서는 2030년까지 석유 및 가스의 투자 수준은 적어도 2020년 수준에서 2,250억 달러 이상의 투자가 필요하다."라고 경고했다(BCG and IEF 2020). 2021년 3분기에 에너지 자원과 전기 요금이 급증하고, 전 세계적인 에너지 부족의 첫 조짐이 나타나자 언론은 이 주제에 대해 관심을 가지기 시작했다. 석탄에 대한 투자는 석유 및 가스에 비해 훨씬 낮다(그림 4).

철강 인프라를 살펴보면, 독일의 '기후 보호' 싱크탱크인 아고라 에네르기웬데(Agora Energiewende)의 철강 전문가인 위도 비테카(Wido Witecka)는 2020년대 말까지 모든 철강 용광로의 70% 이상이 노후화 되어서 수명을 다하고, 곧 재투자 결정이 필요하기 때문에 2020년대는 "중요한 10년"이라고 정확하게 지적했다(DW 2022). 에너지 분석가 폴 샌키(Paul Sankey)에 따르면 미국은 수십 년 만에 처음으로 정제 능력이 "구조적으로 부족"하다. 에너지 전문가들은 전 세계 700개 정유소가 수요를 충족시키기에 충분하지 않고 투자도 충분하지 않기 때문에 정유소 공급이 부족할 것으로 예측했다(Sinicola 2022 a/b). 에너지 전문가 스타인(Stein 2022)은 더 나아가 전 세계적으로 "정유소 폐쇄가 새로운 건설을 앞지르면서 에너지 부족과 인플레이션이 새로운 일반적인 현상이 될 것"이라고 지적한다. 키어니(Kearney 2021)는 정유소의 20%, 즉 거의 140개가 향후 5년 내에 전 세계적으로 문을 닫을 것으로 예상된다고 지적한다. ESG 규제가 강화되는 가운데 특히 서구에서는 이러한 정유소가 쉽게 대체될 것 같지 않다.

2022년 러시아의 우크라이나 침공은 또한 글로벌 에너지 시스템의 취약성과 특히 석유, 가스 및 원자력과 관련하여 에너지와 정치가 어떻게 얽혀 있는지를 보여준다. 저렴하고 전력 수급의 신뢰할 수 있는 에너지에 대한 접근은 정치와는 무관해야 한다. 유감스럽게도, 에너지 정책은 정치적 입장의 양쪽 모두에 의해 반복적으로 남용되어 왔다. 항상 전력 수급 가능한 형태의 에너지 중에서 석탄, 수력 및 지열 에너지는 가장 정치적인 영향을 받지 않는다. 풍력, 태양광 및 전기차(EV)는 원자재 및 원자재 가공이 일부 국가, 특히 중국에 매우 집중되어 있기 때문에 정치적인 영향을 받는다(IEA Solar 2022 및 그림 21). 아래는 푸틴의 침공 이전인 2021년에 시작된 '새로운 에너지 위기'에 대한 주제로 선정된 언론 기사 목록[1]이다.

1. 국제에너지기구(IEA) 사무 총장 파티 비롤(Fatih Birol)은 2022년 7월 시드니에서 열린 세계 에너지 포럼에서 "세계는 깊이와 복잡성 측면에서 이처럼 대규모의 에너지 위기를 경험한 적이 없었다." 라고 말했다. "우리는 아직 에너지 위기의 최악의 상황을 겪지 않았을 수도 있다. 에너지 위기는 전 세계적으로 영향을 미치고 있다."

2. SEB의 수석 제품 분석가 비아네 쉬엘드롭(Bjarne Schieldrop)은 2022년 3월에 다음과 같이 말했다: "현재 세계 경제는 에너지 기아에 직면하고 수요 파괴는 결국 상승에 한계를 둘 것이다."

3. 바츨라프 스밀(Vaclav Smil)은 2022년 2월에 쓴 글에서 우크라이나에 대한 러시아의 침공을 언급하며 다음과 같이 말했다: "이 전쟁은 많은 장기적인 영향을 가져올 것이지만, 유럽 에너지 공급의 미래에 미치는 영향보다 더 중요한 것은 없을 것이다."

4. N24는 2022년 2월에 "1973년 이후 최악의 에너지 위기"라고 썼다.

1 순서대로 출처: (1)Bloomberg 2022년 7월 11일, (2)Telegraph 2022년 3월 2일, (3)Vaclav Smil, 2월 28일 2021, (4)The N24, 2022년 2월 24일, (5)CNN, 2021년 11월 18일, (6)Wikipedia 2021년 12월 5일, (7)Bloomberg, 2021년 10월 5일, (8)Globe and Mail, 2021년 10월 1일, (9)Bloomberg, 2021년 9월 18일, (10)Nikkei Asia, 2021년 9월 27일

5. CNN은 2021년 11월 다음과 같이 보도했다: “빈곤 대책 단체과 환경 활동가들은 유럽 전역에서 수백만 명의 사람들이 이번 겨울 건물 난방비를 감당하지 못할 수도 있다고 경고했다.”

6. 위키백과(Wikipedia)는 2021년 11월에 별도의 페이지를 마련하고는 “2021년 세계 에너지 위기”를 언급했다. “2021년 세계 에너지 위기는 영국과 중국을 비롯한 여러 나라에 영향을 미치는 전 세계적으로 지속되는 에너지 부족 상태이다.”

7. 2021년 10월에 블룸버그는: “세계는 청정 에너지로의 전환 과정에서 첫 번째 대규모 에너지 위기를 겪고 있다. 이는 마지막 위기가 아닐 것이다.”라고 썼다.

8. 2021년 10월, 글로벌 앤 매일(The Globe and Mail)은 “전력 수요가 급증하고, 전 세계 에너지 가격이 기록적으로 상승으로 인도의 석탄 위기가 발생하며”라고 보도했다.

9. 2021년 9월, 블룸버그(Bloomberg)는 “유럽은 가스와 석탄이 부족하기 때문에, 바람마저 불지 않는다면 광범위한 정전이 일어나 기업과 공장이 폐쇄되는 최악의 사태가 벌어질 수 있다. 화석 연료에 대한 투자가 감소하는 동안 유럽이 풍력 및 태양광과 같은 간헐적인 에너지원에 점점 더 의존하게 되면서, 이 전례 없는 에너지 위기는 수년간 증폭되어 왔다.”라고 보도했다.

10. 2021년 9월, 니케이 아시아(Nikkei Asia)는 “애플과 테슬라의 주요 공급 업체들이 중국 전력 부족으로 인해 생산 중단”이라고 보도했다. 뒤이어 블룸버그(Bloomberg)도 같은 달 “중국의 에버그란

데 위기가 금융 시스템에 충격을 주는 것처럼 아시아 최대 경제국에 타격을 줄 수 있는 전력 공급 쇼크에 정면으로 빠질 수도 있다."라고 보도했다.

전기 공급 부족으로 인한 인적, 경제적 비용은 전 세계의 수많은 사례에서 명백히 드러난다. 유럽의 예로는 2003년 9월 28일 있었던 이탈리아의 정전 사태이다. 그날 이탈리아 북부에서는 3시간에 이르는, 남부(시칠리아)에서는 16시간에 이르는 정전이 있었다. 소비자들에게 발생한 200억 GWh의 (전력) 손실은 약 12억 유로의 경제적으로 손실을 초래했다(Baruya 2019, 이전 IEA 청정 석탄 센터). 바루야는 다음과 같이 요약하고 있다. "사하라 이남 아프리카와 같은 개발도상국에서는 에너지 공급 부족이 비즈니스 및 경제 성장을 저해하고 있다. 선진국에서는, 전력 그리드와 발전 용량의 결함으로 인해 최근 이탈리아에서 볼 수 있는 경제적 손실과 같은 상당한 경제적 손실이 발생했다." 정전의 또 다른 직접적인 영향은 사람의 생명과 건강을 잃는 것이다. '넷-제로' 모델 또는 시나리오 중 어떤 것도 에너지 부족, 또는 더 심각한 경우, 에너지 기아로 인한 비용을 고려하지 않았다는 점에 유의해야 한다.

우리는 풍력 및 태양광과 같은 가변형 '재생' 에너지로의 '에너지 전환'이 어떻게 전기 비용을 높이게 되는지 보여주었다. 에너지 전환 지원 전략 컨설턴트인 맥킨지(맥킨지 2022a)는 이를 확인하고 다음과 같이 요약한다. "넷-제로로의 전환은 수요, 자본 할당, 비용 및 일자리에 중요하고 전면적인 영향을 미칠 것이며, 이러한 영향은 종종 초기에 집중된다."

연구에 따르면 전기 요금 상승과 에너지 부족은 경제 생산에 영향을 미치고 가난한 사람들에게 경제적 어려움을 준다는 것을 보여준다.

이는 '그린' 에너지 전환을 지지하는 사람들도 인정하는 부분이다. 독일의 경제 및 기후 장관 로베르트 하벡(녹색당)은 2022년 6월 가스와 에너지 부족에 대해 언급한 후 다음과 같이 말했다: "기업은 생산을 중단해야 하고 근로자를 해고해야 하며 공급망은 붕괴될 것이고 사람들은 난방비를 내기 위해 빚을 지게 되고, 그들은 더욱 가난해질 것이다."(로이터 2022a)

바루야(Baruya 2019)는 중국, 미국, 러시아, 멕시코, 튀르키예 및 유럽의 산업에 미치는 전기 비용 상승에 대한 영향을 과학적 연구를 바탕으로, 개괄적으로 요약했다. 경제 생산과 전기 가격 사이의 탄력성 계수는 반박의 여지 없이 부정적이었다. 전기 요금 상승으로 인해 비금속 광물(시멘트) 부문, 금속 제련 및 가공, 화학 산업, 광업 및 금속 제품에서 생산량이 더 급속히 감소했다. 예를 들면, 베트남에서는 2008년 전기 집약적 공정을 사용하여 제조된 제품의 장기적 한계 비용에 대해 전기 요금 인상으로 인한 영향을 조사했다. 전기 요금 인상은 영향을 받는 모든 상품과 서비스에 대한 가격 인플레이션을 유발했다(Baruya 2019).

바루야(Baruya2019)는 적절하고 신뢰할 수 있으며 경제적으로 적합한 대안 없이 화석 연료를 사용하는 화력 발전소의 폐쇄가 이루어지면, "피크 전기 수요 중 부족한 발전 용량 해결하기 위한 백업(보조) 전력량을 감소시킬 것"이라는 분석을 나타낸다. 인도, 인도네시아, 베트남, 방글라데시, 파키스탄 등과 같은 개발도상국 및 산업화국은 서양 금융 기관의 자금 지원 중단으로 인해 부정적인 영향을 받게 될 것이다. 자금 조달이 어려워지면 덜 효율적인 발전 기술의 채택으로 나타나고, 이는 환경 부담을 증가시킬 수 있다. 결과적으로, 고효율 저배출(HELE)의 전통적인 연료 기술에 투자하지 않는 산업화 국가는 발전 비용이 더 상승해서 경쟁력이 떨어지고 결과적으로 경제 성장이 둔화될 수 있다.

각국 정부가 세금, 보조금, 에너지 정책을 조정하고 행동에 나서야 할 필요성은 보다 더 명확하다. 화석 연료와 원자력에 대한 투자가 크게 증가하지 않으면, 앞으로 10년 안에 장기적인 글로벌 에너지 위기를 피하기는 어려울 것이다. 이는 모든 지속 가능성 목표가 달성되고 풍력 및 태양 에너지 용량이 계획된 대로 또는 희망한 대로 지속적으로 증가한다 하더라도 여전히 사실이다. 2021년 코로나 19로부터 회복되는 기간에 유럽과 아시아, 그리고 2022년 러시아/우크라이나 전쟁 기간 동안 일어난 세계 에너지 시장은 에너지 부족으로 인한 영향을 명백히 보여주었다. 에너지 자원에는 부족함이 없으며, 단지 안일한 에너지 정책과 80%의 에너지 공급에 대한 투자 부족으로 인해 원자재 생산과 신뢰할 수 있는 전력 생산이 부족할 뿐이라는 점을 명심해야 한다.

에너지 기아는 결국 대규모 정전으로 이어질 수 있으며, 현재 이러한 위험은 꾸준히 증가하고 있다. 이는 전 세계적으로 명망 있는 기관들과 정부로부터 이미 인정받고 있는 사실이다.

2022년 7월: "독일 정부는 각 기업들에게 겨울이 오기 전에 비상 발전기와 장비를 구매할 것을 권장한다… 이러한 조치는 특히 주요 인프라 운영자에게 권장한다."(FOCUS 2022)

2022년 6월, 뉴욕의 그리드 운영자 NYISO 2022는 "섭씨 36도의 극단적인 지속적인 폭염은 현재 시스템 한계를 테스트하게 될 것이며, 2023년부터는 그리드 용량을 초과하게 될 것이다."라고 언급했다. 즉,

뉴욕에서 자주 발생하고 있는 극심한 더위는, 뉴욕주의 안정적인 전력 용량이 계속 중단되고 증가된 간헐적 용량이 한계에 도달하기 때문에 정전으로 이어질 것이다.

2022년 4월, 호주 에너지 시장 운영자(AEMO)는 "호주에서 가장 인구가 많은 주들은, 2025년에 폐쇄될 예정인 호주에서 가장 큰 석탄 발전소를 대체할 만한 새로운 발전 설비 용량이 적절한 시간 내에 건설되지 않으면, 2025년부터 정전 위험에 직면하게 될 것이다."라고 지적했다(로이터, 2022b).

2022년 4월, 남아프리카 공화국의 국영 전력 회사 ESKOM은 발전소의 정전으로 인해 "올해 100일 이상의 정전이 발생할 수 있다."라고 경고했다(Bloomberg 2022a). 남아프리카 공화국의 통합 자원 계획 2019에 따르면, 24GW의 기존 화력 발전소(주로 석탄)는 2050년이면 폐기되고 '재생' 에너지로 대체될 것이다(SA IRP 2019).

2021년 8월, 캘리포니아 주지사 가빈 뉴섬(Gavin Newsom)은 태양광 생산이 감소하는 더운 여름 저녁 시간 공급 부족에 대한 우려로 인해 전력망에 대한 비상 사태를 선언하고 '캘리포니아의 정전을 피하기 위한 임시 가스발전소 건설 방안'에 대한 허가를 승인했다(Bloomberg 2021).

석유, 석탄, 가스 및 우라늄은 정부, 경제 및 인류를 굶주리게 하는 적이 아니며, 오히려 영양을 공급해주는 주요 에너지원이다. 진정한 1차 에너지 자원은 진정한 식량 공급원과 마찬가지로 보조금을 지급할 필요 없다. 이는, 정의에 의하면, 소비되는 에너지 보다 몇 배나 더 많은 에너지(그리고 부)를 산출해내야 한다. 그렇지 않으면 이는 에너지 원천이 아니라 소비원(에너지가 무한정 소비되는, 빠져나가는, 밑빠진 독)이 되는 것이다. 석유, 석탄, 가스 및 원자력이 세계 에너지를 지배하게 된 것은 보조금이 아니라 오히려 에너지 투자 수익률(eROI), 재료 효율성 및 에너지 밀도와 같은 장점들 때문이다. 높은 세금과 다른 대체 에너지원과의 치열한 경쟁 속에서도 석유, 석탄, 가스 및 원자력은 전 세계 에너지 시장의 80% 이상을 점유하는 성장률을 나타냈다.

4.3. 탈탄소화 및 '넷-제로'

(a)소빙하기가 끝난 1800년대 이후로 세계는 온난화되어 왔으며, (b)인간은 과거, 현재, 미래의 지구 온난화에 기여했으며, (c)대기 중 온실가스 농도는 다른 기후 변화 요인과 함께 지구 온도 변화에 영향을 미친다는 것은 명백하고 논쟁의 여지가 없다. 기후 변화의 잠재적 영향은 상당할 수 있으며 무시되어서는 안 된다. 하지만 그 원인은 제대로 밝혀져야 한다(스티븐 쿠닌 교수의 2021년 Unsettled 참조).

CO_2 또는 다른 온실가스(GHG)의 지구 온난화 영향이 로그함수적으로 감소하므로, 대기 중 온실가스가 1톤 추가될 때마다 기온을 상승시키는 영향 또한 로그함수적으로 줄어든다는 사실은, 현재 널리 알려지지 않았으나 논란의 여지가 없는 참이다(Wijngaarden 및 Happer 2020). 수증기 다음으로 가장 중요하지만 여전히 미미한, 온실가스(GHG)인 는 CO_2는 본질적으로 포화된 약 12~18 미크론의 파장 대역에서 활동한다. 이는 추가적인 CO_2 분자가 방출되는 열복사에 영향을 줄 수 있는 파장 대역을 약간만 넓힐 수 있는 방식으로 작동한다. 온실가스(GHG)가 없다면 지구 표면은 평균 -18°C 정도가 될 것이다. 그러나 온실가스가 있으면 지표면은 온화하고 살기 좋은 ~15℃에 이르게 된다. 이 온

실가스 유무로 인한 33°C 차이는 소위 대기의 '온실 효과'에 의한 것이다(WMO 2021).

이 책의 논제가 긍정적이든 부정적이든 지구 온난화의 원인이나 영향을 정량화 하려는 것은 아니다. 그러나 '기후 변화'와 '탈탄소화'에 대한 논의는 실질적으로 에너지에 대한 논의이므로 이 책과 매우 관련이 있다. 다음은, 적어도 에너지의 경제적 관점에서는 논쟁의 여지가 없는 몇 가지 관련 사항을 요약한 것이다.

1. 열역학 제1법칙에 따르면 인간에 의한 열 방출은 지구의 현재 에너지 균형에 기여하고 있다. 인류를 생존을 위해 생산되는 170,000TWh의 1차 에너지 대부분의 마지막은 열로 남게 된다. 전 세계의 연간 에너지 공급량은, 이론적으로 상응한다면, 이는 매년 1,500㎦ 이상의 얼음을 녹이는 데 필요한 에너지와 비슷하다(비교하자면, 현재 북극은 매년 약 150㎦의 얼음이 상실되고 있다).

소위 '열섬 효과'(그림 36 참조)는 순 등(Soon et al. 2015) 많은 다른 연구자들에 의해 문서화되었다. 보도 울프(Bodo Wolf) 박사는 2021년 최근 독일 인쇄물 중 하나에서 이 문제를 자세히 요약하여 쉐르니카우 박사에게 제공하였다. 울프(Wolf)의 결론은, 독일어에서 번역하면: "기후 중립 상태는 탈탄소화 된 경제에서 이루어지지 않는다."라는 것이다. 이는 에너지를 소모하면 높은 엔트로피의 가치가 낮은 열(3장 참조)로 전환되어 우리의 생태계를 덥게 하기 때문이다. 우리의 에너지 시스템이 점점 더 비효율적이 되면, 논리적으로는, 같은 양의 에너지를 소모해서 더 많이 지구를 온난화시키게 된다.

대기 중 CO_2 및 기타 온실가스(GHG) 농도는 일정하지 않으며 지구 온도를 포함하여 인간 이외의 원인에 의한 영향도 받는다. 예를 들어, 해양의 가스 보유 용량은 온도가 증가함에 따라 감소한다. 이는 산업화 이전의 온도 상승에 따라 CO_2가 증가한다는 것을 보여주는 Vostok Ice Core 데이터(CDIAC 2021)에서 문서화되어 있다.

제4기(Quaternary) 빙하 시기는 약 260만 년 전에 시작되어 오늘날까지 지속되는 지구에서 가장 최근의 빙하기이다. 제4기 이전에는 상당히 따뜻한 기후였다(그림 1). 현재의 간빙기는 이전의 간빙기보다 더 오래 지속되었으며 제4기 '빙하기' 중 홀로세의 일부이다. 우리는 현재의 간빙기가 언제까지 지속될지 예측할 수 없지만, 빙하기의 도래는 인류에게 큰 충격이 될 것으로 예상할 수 있다. 밀란코비치의 궤도 강제력은 이미 40W/㎡ 이상 감소했지만, 현재의 간빙기는 8,000년에서 6,000년 사이의 광범위한 최대 온도 이후 약 1°C의 온도 하락을 나타냈다(Vinther et al. 2009).

산업화 이후 대기 중 CO_2 농도가 크게 증가한 것은 화석 연료 연소에 기인하며, 현재 CO_2 농도는 이전 네 번의 간빙기 대비 약 30% 이상 높다. 예를 들어, 1984년 이후 대기 중 CO_2 농도는 약 20% 증가하여 현재 약 0.04%이다. 동일한 기간 동안 대기 중 메탄(CH_4) 농도는 약 15% 증가하여 현재 약 0.0002%이다.

2018년 노벨 경제학상 수상자인 윌리엄 노드하우스(William Nordhaus) 교수와 다른 연구자들은 완화(경감)가 없다는 비현실적인 가정하에, 전 세계적인 온난화의 경제적 영향을 2100년에 몇 배나 높은 GDP의 5% 이하로 계산하고 있다. 이는 이 책에서 논의된 바와 같이, 진정으로 지속 가능한 에너지 솔루션을 갖추기 전에 에너지 시스템을 기존 연료로부터 탈피하는 비용 및 영향과 균형을 이루어야 한다는 것을 뜻한다.

또한 지구 온난화로 인해 더 높은 경제적 영향을 나타내는 많은 예측들도 있다.

대기 중 증가한 CO_2 농도의 증가로 식물에 대한 시비(비료) 이로움에 관해 문서화되고 논란의 여지가 없음은 공정하게 평가, 고려되어야 한다(동료 검토 문헌의 광범위한 목록은 Haverd et al. 2019 및 Idso 2021 참조).

2050년까지 화석 연료를 '탄소'가 없는 에너지원으로 대체하여 풍력과 태양광 PV가 있는 '넷-제로'에 도달하는 것은 어떤 시나리오에서도 현실적이지 않다(그림 37). 세계는 '넷-제로'를 달성하는 데 필요한 에너지, 공간, 원자재 및 자금이 부족해질 것이기 때문이다. 예를 들어, IEA Solar 2022의 62쪽에서 확인된 바에 따르면, "현재 및 계획 중인 '태양광' 제조 능력은 국제에너지기구(IEA)의 영속적인 탄소 제로 추진 경로를 충족시키기에 부족하다."라고 했다. 그러나 이러한 '넷-제로' 경로가 경제와 환경에 부정적인 영향을 미친다는 생각은 현재 여전히 논쟁 중에 있다(쉐르니카우와 스미스 2021 및 쉐르니카우 등 2022 참조).

지구의 미래 기후 상태에 관한 기후 모델들 간의 문제점과 의견의 일치를 보이지 않는 부분에 관해서는 잘 문서화 되어있다(쿠닌 2021). 스카프 푸 소장(Capt. K. Scott Pugh)은 "증명된 과학은 모델로 만들 수 있지만, 모델은 과학을 증명할 수 없다."라고 2022년 간략하게 정의했다. 하지만, 이러한 큰 불확실성과 미래를 예측할 수 없음에도 불구하고, 이산화탄소로 인한 지구 온난화의 재앙적 결과에 대한 잠재적으로 아주 작은 가능성을 피하기 위해, 세계는 인류 역사상의 가장 급격한 기술적 조정들 중 한 방법에 착수했다: 단 수십 년 안에 세계 에너지 시스템이 원하는 완전한 '탈탄소화'이다.

이러한 '탈탄소화'를 위한 노력은 화석 연료를 사용하지 않고, 그리

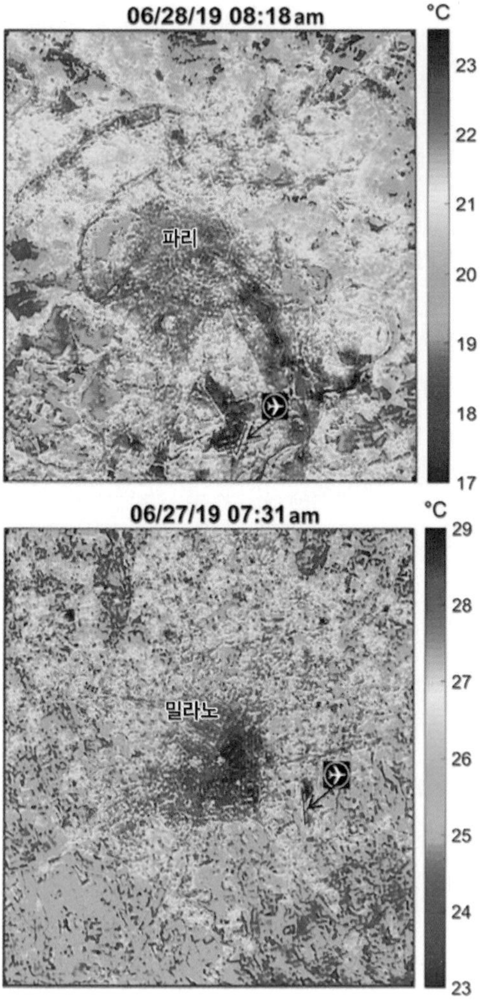

그림 36: 도시 열섬 효과 – NASA의 "ECOSTREESS"

참고: 2019년 6월 27일, 28일 있었던 폭염 기간 동안, 아침에 나타난 유럽의 도시 지도의 ECOSTRESS 표면 온도 이미지를 나타낸다. 공항과 도심은 열을 품고있는 표면(아스팔트, 콘크리트 등)이 더 많기 때문에 주변 지역보다 더 덥다.

고 대부분의 경우는 핵연료를 사용하지 않는 에너지 시스템을 구축하는 데 중점을 두고 있다. 이러한 노력을 지지하는 자들은 '1.5°C 경로'로 알려져 있는 모델링된 경로를 맞추기 위해 2050년까지 완료되기를 희망하고 있다. 풍력과 태양광의 간헐성 문제를 해결하기 위해 제안된 해결 방안은 수소이다. '에너지 전환'의 이면에 있는 에너지 경제성에 대해 연구한 후, 우리는 경제적, 환경적 생존 가능성과 따라서 그러한 '넷-제로' 계획의 타당성에 의문을 제기한다. 우리의 경제성에 대한 주장은 미래의 지구 온난화 영향에 대한 우려와는 무관하다. 오늘날의 기술로 기존 전통 연료에서 벗어나는 것에 대한 다양한 문제점은 이 책에서 자세히 논의되었다. 아래에 설명된 신에너지 혁명만이 장기적으로 화석 연료로부터 탈피할 수 있게 할 것이다.

맥킨지 2022a에서는 특히 가난한 사회(국가)의 '탈탄소화' 정책은 더 높은 비용이 소요됨을 확인했다. "가난한 국가들과 화석 연료에 의존하는 국가들은 넷-제로(탄소 제로) 전환의 변화에 가장 많이 노출된다." 우드 맥켄지(우드 맥켄지 2022) 역시 선진국가들보다 가난한 나라들이 더 큰 타격을 입게 되며, 상대적인 GDP 손실을 더 많이 감수해야 할 것이라고 한다. "개발이 덜 된 저소득 국가들과 후진국들은 전환 비용과 관련하여 불균형적인 부담을 지게 될 것이다." 해당 연구는 또한 비교적 긍정적인 계산을 통해 아프리카는 2050년까지 '탄소 제로' 에너지 전환을 함으로써 1인당 GDP의 약 10%를 상실하게 될 것으로 추정했다. 롬보그(Lomborg 2020)는 IPCC의 '지속 가능한' SSP1 시나리오에서 2100년의 전 세계 1인당 GDP는 IPPC의 '화석 연료 중심' 시나리오 SSP5보다 30~40% 낮을 것으로 계산했다. 이러한 소위 문서화된 '그린' 에너지 전환, 특히 가난한 사회에서의 추가 비용은 전적으로 가변적 '재생' 에너지의 낮은 순 에너지 효율(eROI)에 기인한다고 말할 수 있다. 롬보그(Lomborg 2020)는 또한 기후 모델과 기후 시나리오는 본질적으로 기후 변화에 대한 적응을 고려하지 않는 가정을 하고 있으며, 이는 명백히 잘못된 가정이며 비현실적으로 모델링된 시나리오 결과로 이어질 것이라고 설명했다.

여러 연구들(예: Fujimori 등, 2020, Lomborg, 2020)에서는 기후 변화 완화(조치)가 저소득층에 부정적인 경제적 영향을 미친다는 것이 확인되었다. 논리상 필연적으로, 저소득 가정에서는 에너지와 식품에 지출되는 소득의 비율이 중간 소득층 가정에 비해 훨씬 높게 나타난다. 따라서 개발도상국과 가난한 사회는 1인당 기준하에 더욱 불리한 입장에 서게 된다(그림 38). 하지만 많은 연구들(Fujimori등, 2020 포함)을 보면, 기후 모델과 종종 현실성 없는 RCP8.5-SSP5 시나리오를 사용하여, 감소하지 않는 기후 변화 비용이 가난한 사람들에게 더 높을 것임을 보여준다. 그들은 탄소세가 빈곤을 해결하고 에너지와 식품의 가격 상승을 상쇄시키는 데 사용될 수 있다고 주장한다. 그러나 RCP8.5라고 하는 IPCC의 경로는 2100년의 1인당 석탄 소비량은 현재보다 6배 높을 것으로 추정한다. 따라서 이러한 시나리오는 극단(극단적인 상황을)을 모델링하는 과학적 목적을 가질 수 있지만 현실과는 거의 무관하다. 자세한 내용은 적극적으로 추천되는 논문인 「현실과 괴리된 기후 시나리오(How Climate Scenarios lost Touch with Reality)」(Pielke and Richie 2021a)에서 확인할 수 있다.

‘기후를 보호’하기 위해, 화석 연료에서 벗어나기 위한 에너지 전환에 따른 투자는 연간 수조 달러에 달한다. 보스턴컨설팅그룹(BCG 2021c)은 지금부터 2050년까지 연간 3~5조 달러, 총액으로는 100~150조 달러가 필요할 것으로 추정한다. 우드 맥켄지(우드 맥켄지 2022)는 ‘넷-제로’ 경로의 경제적 효과를 모델링하고 2050년까지 누적 손실이 75조 달러에 이를 것으로 추정한다. ‘넷-제로’ 조치는 과도하게 선행되어야 하

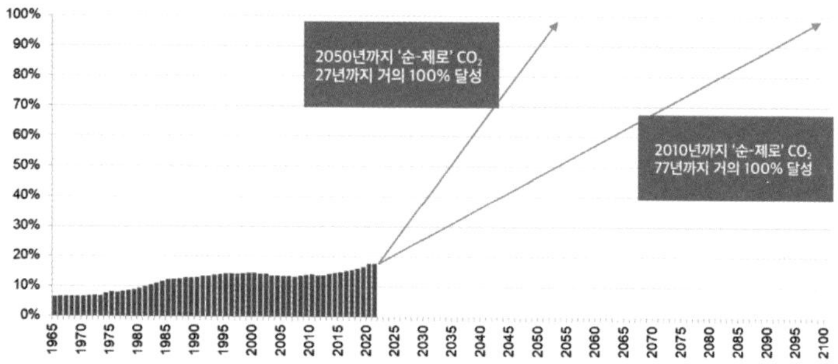

그림 37: '탄소 배출이 없는' 에너지원을 통한 전 세계 1차 에너지. 1965~2100

참고: 풍력, 태양광, 수력, 바이오매스, 지열 등의 '탄소 배출이 없는' 에너지 비율(BP 기준)

기 때문에 비용의 대부분은 2030년 이전에 부담되어야한다. 그러한 투자에 대한 혜택은 불확실한 만큼, 이는 금세기 후반에나 기대할 수 있을 것이다. 우드 매켄지는 2035년 이후에나 전환점이 될 것으로 추정하며, 2100년이면 GDP 손실이 회수될 것으로 예상한다. 그러나 이러한 모델 이면에 있는 추정에서는 3장에 자세히 설명된 에너지의 경제적 측면이나 에너지 부족으로 인한 비용 및 그에 따른 인간과 산업 생활에 미치는 영향에 대해서는 전적으로 고려하지 않았다.

맥킨지(맥킨지 2022a)는 2050년까지 '넷-제로'에 들어가는 비용이 더 높아져 연간 평균 275조 달러 또는 9.2조 달러에 달할 것으로 추정하며, 이는 현재보다 연간 3.5조 달러 증가한 것이다. Economist 2021에 따르면 "기후 변화에 '대응'하거나 '행동'하기 위한 모든 노력은 하나의 목표, 즉 매년 더 이상 상승하지 않는 평균 지구 기온에서 머무는, 안정적인 지구 기후에 초점을 맞추고 있다." 이는 잘 문서화된 자연 기후 변화를 완전히 무시하는 것이다. 우리는 지난 천 년 동안 기후가 따뜻해지고 냉각되는 모든 이유를 진정으로 이해하지 못하기 때문에, 지난 150년 동안의 가상적인 온난화가 전적으로 인간의 행동으로 인한 것이라고 가정하는 것은 심지어 '기후 모델'과도 일치하지 않는다. 미래에 예상되는 기온 상승을 감소시키겠다고 선포한 세계적인 목표는 사실상 무제한의 재원을 확보했다. 이는 전적으로 납세자 또는 소비자의 비용이며 우리의 견해에 따르면 이는 잘못된 방식으로 사용되고 있다고 할 수 있다.

만약 누군가 대기 중 온실가스 농도의 증가가 기후 변화의 주요 요인이거나 제어하는 요인이라는 이론을 가정하고 수용한다면, 쉐르니카우와 스미스의 2022 연구논문 「화석 연료가 기후에 미치는 영향」에서 논의된 대로 인간-에너지와 CO_2 배출 또는 CO_2와 연관된 세금에

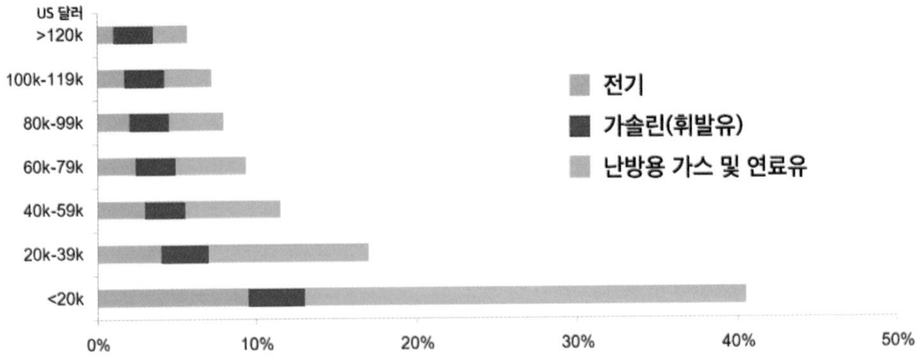

그림 38: 총 가계 수입 대비 에너지에 지출되는 가계 수입

초점을 맞추는 것은 오류가 될 것이다. IPCC 및 국제에너지기구(IEA) 데이터에서, IPCC의 향후 20년간 지구 온난화의 잠재적 가능성을 보면, 인간에 의해 배출된 모든 CO_2eq 가운데 인간에 의해 배출된 메탄이 65%를 차지하고, CO_2는 나머지 약 35%를 차지한다는 것을 알 수 있다. 결과적으로, 가치사슬을 따라 배출되는 메탄(가스)이 분산되기 때문에 석탄이 LNG보다 '기후에 더 유익한' 것으로 나타났다. 만약 유럽의 지도자들이 이 연구 결과를 알고 있었고, 2022년 7월 EU에서 투표한 것처럼, 석탄과 원자력이 가스와 원자력보다 '그린'(그린 에너지)으로 선언했다면 어떨까 상상해 보자(CNBC 2022).

쉐르니카우와 스미스의 2022 연구에서 얻은 결론 중 하나는, 전 세계적인 온실가스 정책은 피할 수 없다면 최소한 측정된 대기 중 CO_2eq(다른 온실가스도 포함하며 CO_2의 자연 흡수율의 50% 이상을 보정)의 문서화된 변화를 포함해야 한다는 것이 분명하다는 것이다. 단순히 연소 중에 측정된 CO_2 배출량 뿐만 아니라, 비효과적이거나 차선책에 대한 대규모 공적 자금 낭비를 피하기 위해서이다. 후에, Kembert 2022와 BP 2022는 메탄과 가스 공급 체인에 관해 더 자세히 다루었다.

에너지 시스템의 배출과 비배출로부터 환경에 대한 전체 가치사슬과 전 수명주기 영향을 고려하기 위한 환경적 노력이 필요하다는 결론이다(그림 39). 비배출 환경 영향은 에너지 입력, 재료 요구 사항, 공간 비용(또는 공간 요구 사항), 폐기물, 물 사용, 동식물 생활, 건강 및 안전 등을 고려해야 한다. 매사추세츠 주립대학(UMass)의 새로운 과학적 연구 Moran et al. 2022년은 칠레에서 리튬을 추출할 때 발생하는 물의 지속 가능성의 상태를 비배출 환경 영향 중 하나로서 자세히 설명한다. 쉐르니카우(쉐르니카우와 스미스 2022)는 CO_2 배출량을 줄여야 하는 경우 가장 효과적인 방법 중 하나는 필요한 경우 탄소 포집 및 저장

(CCUS) 기술과 함께 초초임계(USC) 발전소를 설치하는 것이라고 지적한다(Tramosliika et al. 2021).

CCUS를 대규모로 시행하기 전에, 약간 높은 대기 중 CO_2 함량과 관련된 위험과 이에 따른 대량의 이산화탄소를 지각이나 해양에 압력을 가해 저장하는 것과 관련된 어려움과 혜택을 명확하고 정확하게 균형을 맞추어야 한다.

인간-에너지 이산화탄소 배출 감소는 전적으로 기후 모델을 근거로 한 것이며, 미래의 온도를 감소시키기 위해 예측된 것이라는 점을 명심해야 한다. 이는 온도 감소를 통해 미래의 극단적인 기상 현상과 해수면 상승을 제재할 수 있기를 바라는 차원에서 모델링된 것이다. 한편, IPCC는 다음과 같이 밝히고 있다: "우박과 뇌우와 같은 소규모 악천후 현상에 관해 관측된 추세에 대한 신뢰도가 낮다… 그리고 가뭄 또는 건조(강우 부족)에서 전 세계적으로 관찰되는 추세에 대한 신뢰도가 낮다."(IPCC 2013, p.232 및 p.66) 기후 변화의 원인과 영향, 그리고 기후 모델 자체에 대해 중요한 과학적 불확실성은 여전히 존재하고 있다(Kooning, 2021, Voosen, 2021, Pielke and Richie, 2021a). 그러나 1인당 및 GDP 조정 기준으로 볼 때 기후 재앙으로 인한 재정적, 인적 비용이 감소하고 있다는 과학적인 불확실성은 없다. 하지만, 여전히 존재하는 불확실성으로 에너지 생산으로 인해 지구에 미치는 부정적인 환경 영향을 줄이기 위한 진지한 노력을 배제하거나 제한할 이유를 주지 않는다. 환경 악화와 기후 변화는 동일하지 않으며 심지어 연관되어서는 안 된다.

현재까지 경험한 기후 변화에도 불구하고, 2100년에 대한 모델링된 기후 영향은 '평균' 기후 모델에 기반한 것이다. 이는 ⓐ현실과 거리가 먼 시나리오를 기반으로 하고, ⓑ지나치게 높은 기후 민감도를 사용하며, ⓒ세계가 적응하지 않을 것이라고 가정하고, ⓓCO_2의 태양

논란이 있는 시비 효과를 무시하며, (e)인간의 비온실가스 영향을 무시하고, (f)대부분의 자연 변동성을 무시하기 때문에 1850년 이전의 기후 변화를 설명할 수 없다.

우리는 전 세계적으로 효율성을 높이고 에너지 생산 및 활용에 따른 환경 부담을 줄이는 모든 지속 가능한 노력을 환영하고 강력하게 지지한다. 우리는 인간과 온실가스가 다른 기후 변화 요인과 함께 약간의 온난화에 기여한다는 것을 알고 있다. 지열 및 수력과 같은 '재생' 에너지 및 저장 솔루션은 에너지 밀도와 효율성을 높이기 위해 추가적인 연구와 투자가 필요하다. 하지만, 모든 에너지는 항상 지구에서 자원을 가져와 처리해야 하므로 환경에 부정적인 영향을 미친다. 따라서 우리는 매각이 아닌 투자를 통해 의미 있는 방식으로 이러한 부정적인 영향을 최소화하는 것을 목표로 삼아야 한다.

제5장

현실적인 에너지의 미래와 지속 가능성

제5장

현실적인 에너지의 미래와 지속 가능성

전기는 현대 문명에 있어 인체의 혈액과 같은 역할을 한다. 전기는 말 그대로 우리의 현대 생활을 가능하게 하는 것이다. 그러나 전기는 전체 에너지의 약 40%를 차지하고 나머지는 건물 난방, 교통 및 산업이 차지한다는 사실을 잊어서는 안 된다(그림 3). 따라서 정부의 에너지 정책은 극히 중요하며 다음의 세 가지 목표가 있다:

⑴ 공급 안정성

⑵ 공급 가격 적합성(저렴성)

⑶ 환경 보호

그러나 오늘날의 에너지 정책은 단순하게 미래의 지구 온난화를 제한하거나 줄이는 것을 목표로 인위적(인간이 유발하는 에너지) CO_2 배출량을 줄이는 데 초점을 맞추고 있다(그림 40). 따라서 현재의 에너지 정책은 주로 화석 연료를 비효율적인 신재생 에너지인 풍력 및 태양 에너지로 대체하여 에너지의 거의 완전한 '탄소 제로화'에 나서고 있다.

2021년 11월 글래스고의 COP26 회의 결과에서 나타난 바와 같이, 「석탄에서 청정 전력 전환 글로벌 선언문(Global Coal to Clean Power

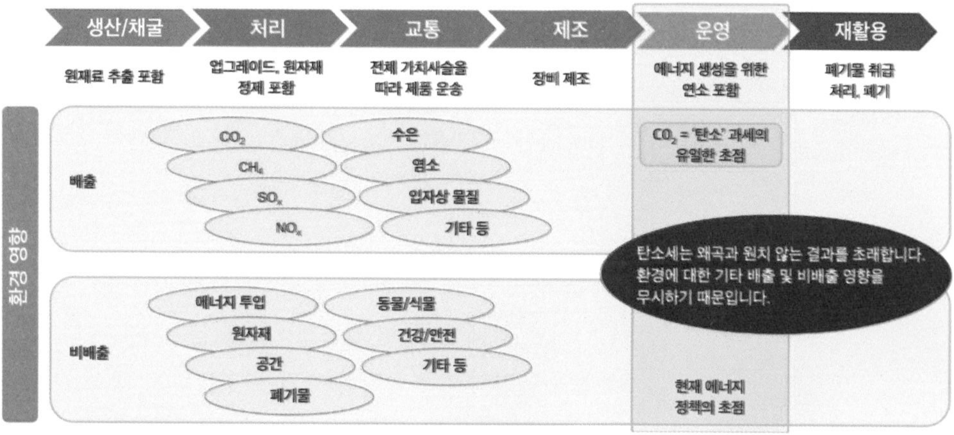

그림 39: 에너지 시스템의 환경적 영향
- 탄소 세금으로 초래되는 왜곡과 바람직하지 않은 결과

Transition Statement)」(UN-COP26 2021)을 비롯한 많은 국가들의 에너지 정책 결정은 현재 목표 (1)과 (2)에 덜 주목하고 있으며, (3)의 다양한 측면인 식물/동물 생명, 토지/공간 이용, 물질 및 에너지 투입, 그리고 재활용 효율성과 같은 많은 측면에 대해서도 충분한 관심을 기울이지 않고 있다(그림 8, 그림 39, 그리고 그림 40 참조). 2022년 러시아/우크라이나 위기는 최소한 유럽에 있어서 에너지 안보에 새로운 초점을 두고 있다. 유럽은 크게 러시아의 에너지 원자재 공급에 의존하고 있었으며, 20여 년에 걸쳐서 자체 에너지 독립성이 감소하게 되었다(독일의 석탄과 원자력 포기에 대한 독일의 정책 결정 및 신뢰할 수 있는 화석 연료 에너지원에서의 탈피에 대한 EU의 방대한 노력 등 참조). 그러나 이 새로운 주안점은 많은 국가에서 전략적이라기보다는 임시방편으로 보인다.

'에너지 전환'에 대한 전 세계적 투자의 목표는 인간과 에너지에 따른 CO_2 배출량을 줄이고자 하는 하나의 하위 목표뿐만 아니라 에너지 정책의 세 가지 주요 목표를 모두 충족하는 것이어야 한다. 우리는 이 책에서 오늘날 가변적 '재생' 에너지에 초점을 맞춘 잘못된 에너지 투자는 그에 따른 모든 결과와 함께 에너지 기아로 인한 위험을 증가시킨다고 설명했다(4.2장 참조).

전체 전기 비용(FCOE) 및 에너지 투자 수익률(eROI)은, 불행하게도 풍력과 태양광이 인류의 에너지 문제에 대한 해결책이 아님을 보여준다. 그리드 규모에서 풍력과 태양광은 바람직하지 않은 경제적 및 환경적 결과를 초래할 것이다. '그린' 에너지 전환을 논의하기 위해 균등화 발전 비용(LCOE)을 사용하는 것은 계속해서 의사 결정자들을 오도하고 있으므로 이러한 사용은 중단되어야 한다. 정부, 산업 및 교육 기관들은 상대적으로 비용 효율적인 에너지 시스템으로부터 오늘날 존재의 기반을 탈피하도록 강요하기 전에 에너지 경제 현실에 대해 추가적인 학습과 토론 시간을 할애하도록 긴급히 촉구한다. 근본적으로, 오직 에너지만이 식량과 물의 위기를 해결할 수 있고 에너지만이 자연재해로부터 회복을 가능하게 할 수 있으며 에너지만이 빈곤을 근절할 수 있다. 우리는 전기 생산에서 순 에너지 효율(eROI)을 높이고 전적으로 독립적이고 매우 명확하게 전기 사용에서 에너지 효율을 더욱 높이기 위해 최선을 다해야 한다.

현재의 체계적으로 계획된 태양광 및 풍력 설치 용량의 급증은 그림 34에 자세히 나와 있는 것처럼 한 가지 이점을 가지고 있다: 전력 수요의 증가가 없다고 가정할 때, 요구되는 화석 연료나 원자력 연료량이 감소한다. 그러나 이 한 가지 이점은 여기에 자세히 설명된 바와 같이 우리의 환경과 경제에 상당한 비용을 초래한다. 환경 비용은 전체 가치사슬과 수명 주기를 고려할 때 낮은 에너지 밀도, 간헐성 및 가변적 '재생' 에너지의 본질적으로 낮은 투자 수익률(eROI)에서 비롯된다(그림 39). 에너지는 컴퓨팅과는 다른 법칙을 따르며, 기술적 발전이 있어도, 물리학과 화학의 기본 법칙을 극복할 수 없다. 예를 들어, 낮은 용량 계수나 에너지의 엔트로피 증가(가치의 감소)와 같은 특성은 에너지가 변환되거나 저장될 때마다 나타난다. 각 에너지원의 환경적, 경제적 장점과 단점을 공정하게 비교함으로써 우리는 정보에 입각한 체계적인 에너지 정책 결정을 내릴 수 있으며, 향후 에너지 시스템의 우선순위를 부여할 수 있다.

어떤 '탄소'세든 비 '탄소' 배출물과 에너지 시스템이 우리 환경에 미치는 비배출물 영향을 무시하기 때문에 왜곡과 바람직하지 않은 결

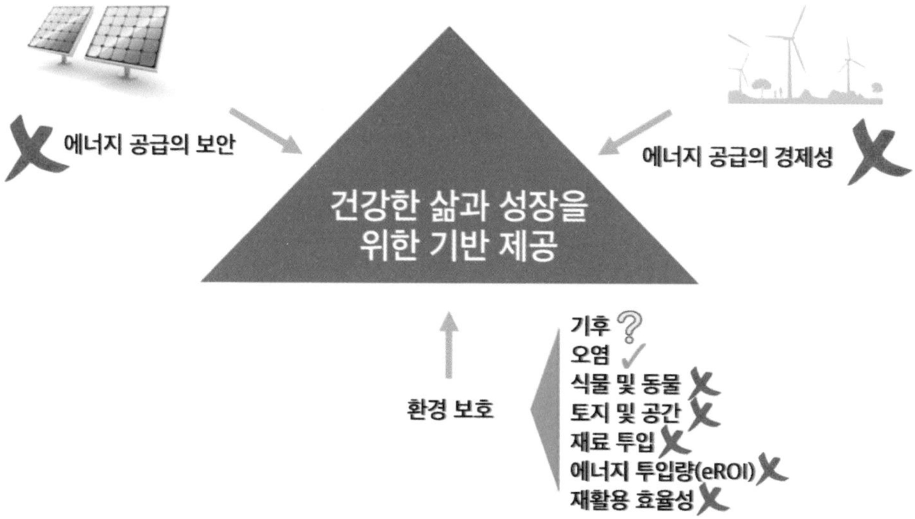

그림 40: 가변적 '재생' 에너지는 에너지 정책의 목표를 달성하지 못한다.

과를 초래하고 있음이 명백해졌다. 전통적인 형태의 에너지에 대한 투자 철회가 아닌, 투자만이 소위 새로운 에너지 혁명이 있기까지 유일하게 실행 가능한 환경적, 경제적 경로임이 분명해졌다. 새로운 에너지 혁명은 인류가 지속 가능한 방식으로 화석 연료에서 벗어날 수 있는 시점이다. 그러한 새로운 에너지 시스템은 완전히 새로운 것일 수 있으며, 핵융합이나 핵분열, 태양열, 조수, 지열 또는 현재 알려지지 않은 에너지원의 조합일 수 있다(Manheimer 2022 참조). 이러한 에너지 시스템은 핵력, 행성계의 힘(즉, 태양, 중력) 및 지구 내부의 에너지를 활용할 것이다. 새로운 에너지 시스템은 에너지 밀도 또는 ㎡당 사용 가능한 에너지의 물리적 한계와 가장 중요하게는 간헐성으로 인한 것과 같은 오늘날의 풍력 및 태양광 기술과는 거의 무관할 것이다.

앞서 쉐르니카우의 서문에서 언급했듯이, 인류는 제2차 세계대전 이후 지난 백만 년에 걸쳐 일어난 인류 발전보다 더 많은 과학적 지식을 축적했다. 그는 또한 인류의 발전이 과학적 발전에 국한되지 않을 것이라고 지적했다. 그것은 물질과 마음 사이의 에너지적인 연결을 더 잘 이해할 수 있게 해주는 영적인 발전 또한 포함할 것이며, 우리가 뇌의 더 많은 부분에 접근할 수 있게 해주고 따라서 우리가 아직 꿈꿀 수 없었던 해결책을 찾을 수 있게 해줄 것이다. 우리의 '에너지 문제'가 새로운 에너지 혁명을 통해 1, 2세기 안에 해결될 것이라는 주장이다. 불행하게도 지금까지 살펴본 바와 같이 오늘날의 풍력 및 태양광 기술은 '해결책'이 아니다.

이러한 새로운 에너지 혁명을 달성하기 위해서는 교육과 기초 연구(에너지 생성, 물질 추출 및 처리, 저장, 초전도체 등)에 더 많은 투자가 이루어져야 한다. 그와 마찬가지로 전통적인 에너지를 보다 효율적이고 환경 친화적으로 만들기 위한 지속적인 투자도 중요하다. 그러나 CO_2를 배출하지 않는 형태의 에너지 생산은 CO_2가 녹화하고 시비 효과를 나타내는 형태의 열-상이 없다는 점에 유의해야 한다(동료 검토 문헌의 광범위한 목록은 Haverd et al. 2019 및 Idso 2021 참조). 가변적 '재생' 에너지의 감소된 순 에너지 효율과 비화석 에너지원으로로부터의 에너지 생산의 증가는 논리적으로 낮은 값 또는 높은 엔트로피 열의 증가를 야기할 것이다. 이는 온실가스를 배출하지 않더라도 주변 환경을 계속해서 덥게 만들 것이다. 또한 석탄 소비, 열병합 발전, 황 및 비산재의 부산물을 더 이상 사용할 수 없으며 별도로 생산해야 하므로 추가 에너지가 필요해진다.

향후 연구 및 개발은 우선순위를 부여하는 데 도움이 되도록 에너지 시스템의 진정한 투자 수익률(eROI)을 이해하는 데 집중해야 한다(그림 31: 석탄 화력 발전과 태양광 발전을 비교하기 위해 제안 된 eROI 연구의 예 참조). 이러한 연구는 또한 전통 에너지와 가변적 '재생' 에너지 시스템를 비교하기 위해, 전체 전기 비용(FCOE)과 에너지 투자 수익률(eROI)을 상세히 설명하고 정량화해야 한다. 연구를 수행하기 위해서는 많은 연구 자금과 더 큰 팀이 필요하며 전 세계적인 노력이 요구된다.

향후 연구 개발은 기존 에너지 시스템을 더욱 최적화하기 위해, 기존 에너지 시스템의 배출 및 비 배출과 관련된 환경 영향을 줄이는 데에도 집중해야 한다. 화석 연료, 원자력 또는 '재생 가능한' 에너지로 구동되는 경우와 상관없이, 여기에는 보다 효율적인 채굴 및 화석 연료 추출, 초초임계 발전소(USC) 및 효율성을 높이기 위한 고효율 저배출(HELE) 기술이 포함되어야 한다. 요구되는 백업과 함께 그리드 규모의 가변적 '재생' 에너지 시스템을 설치하는 것보다, 초임계(USC)기술은 훨씬 낮은 비용으로 자연에 즉각적인 긍정적인 영향을 미칠 것이다(Tramosljika et al. 2021 참조). 만약 CO_2 배출량을 줄여야 하는 경우라면, 이를 위한 가장 에너지 및 재료 효율적인 방법 중 하나는 USC 발전소에

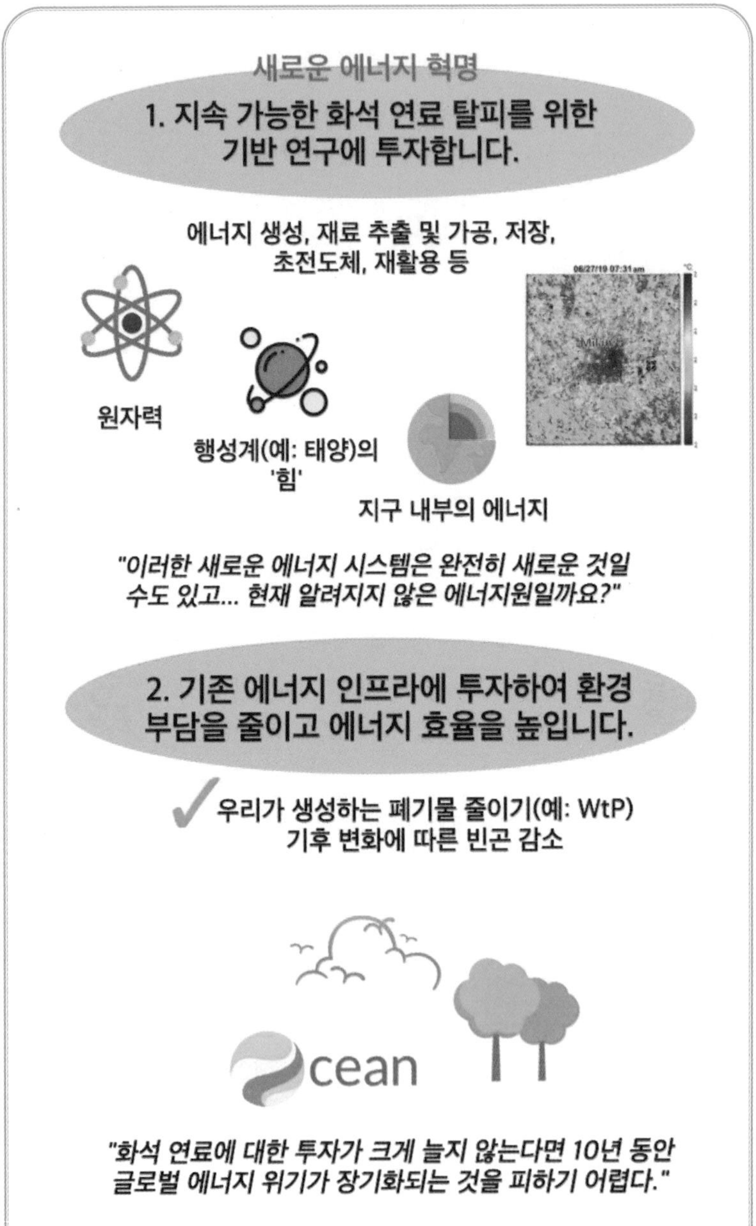

그림 41: 지속 가능한 에너지 정책과 신新에너지 혁명

탄소 포집 활용 및 저장(CCUS) 기술을 장착하는 것이다. 그러나 식물에 대한 광합성 및 성장 효과(시비 효과)로 인해 대기 중 증가한 CO_2 농도에 대해 논란의 여지가 없는 장점은 에너지 정책 결정에서도 고려되어야 한다.

기존의 에너지에 대한 투자 철회가 아닌 투자는 (에너지) 빈곤을 근절하고 화석 연료로 설치된 용량(교통, 건물 난방, 발전 등)의 환경적 및 경제적 효율성을 향상시킬 수 있을 뿐만 아니라, 2021년 하반기에 시작된 에너지 위기가 장기화되는 것을 방지할 수 있는 논리적인 경로이다.

요약 및 부록

요약

현대 문명에서 전기는 사람의 몸에 흐르는 피와 같다. 교통, 산업, 건물 난방 등에 전기 사용량이 계속 증가함에 따라 전기는 더욱 중요해지고 있다. 따라서 전기가 어떻게 생산되고 사용되는지를 이해하는 것은 이제 선택이 아니라 필수로 바뀌고 있다. 이 책은 1차 에너지와 교통 등 전기 시스템의 작동 원리와 전기 비용에 대해 소개하고자 한다. 이 책은 전기가 물리적으로 어떻게 작동하는지에 대한 세부 사항보다는 거시경제학적인 '에너지 전환' 관점에서 전기를 생산하는 것에 더 중점을 두고 있다. 우리는 '탄소 저감'을 향한 전 세계적인 노력에 따르는 새로운 도전에 대한 고려와 함께 에너지의 미래 전망과 에너지 정책을 제안하고자 한다.

2021년, 에너지 안보(좀 더 정확하게는 전기 안보)에 관한 논의가 시작됐다. 이 논의는 주요 경제국에서 전기 수요의 증가, 에너지 원자재의 공급 부족, 태양광과 풍력의 간헐적이고 충분하지 못한 전기 생산, 그리고 지정학적인 변화로 인해 전기 가격과 변동성이 급등했기 때문에 시작됐다. 이러한 현상은 유럽은 물론 중국, 일본, 인도, 호주, 남아프리카, 그리고 미국에 국한되지 않고 전 세계적으로 나타났다. 안정적인 전기 공급은 경제 성장에 무엇보다 중요하며, 이는 다시 빈곤 퇴치와 직결된다. 전기 공급을 어렵고 특별하게 만드는 것은 전기 작동 시스템에서 수요와 공급이 항상, 즉 매일 매 순간 같아야 한다는 가정 때문이다. 전기 작동 시스템에 있어서, 전류 수요를 항상 충족시키는 안정적인 전압과 주파수가 필수적인 요구 사항이다.

우리는 현재 전기 발전을 위해 태양광 및 풍력 에너지를 중심으로 '탈탄소' 세계를 향한 현재의 추세를 살펴보고, 태양광과 풍력과 같이 출력 변동이 심한 '재생' 에너지원에 관하여 설비 에너지 용량과 실제 생산된 전력량 간의 차이를 설명한다. 전 세계 1차 에너지의 80%를 생산하는 석탄, 석유, 천연가스에 대한 투자는, 1차 에너지의 약 3%를 생산하는 태양광과 풍력에 들어가는 투자에 비교하면, 10% 미만이다. 그 결과는 어떻게 나타날까?

향후 몇 년 동안 예상되는 세계 경제 성장률에 따르면 '재생 에너지'는 앞으로 증가할 세계 전력 수요의 절반 또는 1차 에너지 수요 증가의 약 20%만 충족시킬 수 있다. 전력 수요의 증가는 '재생' 에너지가 갖는 물리적이고 화학적인 공급 한계에 빠르게 도달함과 동시에 1차 에너지 공급 용량을 초과할 것이다. 이러한 명백한 수급 한계는 현재의 에너지 정책이 크게 잘못되었음을 보여준다.

2050년까지 실질적인 1차 에너지 성장이 약 50%에 이르리라는 것은 약 25%의 인구 성장과 1인당 약 20%의 에너지 수요 증가에 근거하고 있다. 이는 2030년이면 1차 에너지 수요가 유지되거나 약 10% 가량 감소할 것으로 가정하는 국제재생에너지기구(IRENA), 맥킨지(맥킨지) 또는 국제에너지기구(IEA)의 '탄소 중립(넷-제로)' 방향과는 대조된다.

태양광과 풍력 에너지의 간헐성 문제를 극복할 수 있는 방법으로

'수소 저장 혁명'이 기대된다. 그러나 물리적이고 화학적인 원리를 검토해보면, 그리드 전력망 스케일 수소 저장 방식을 채택하는 데 경제적 및 환경적 한계가 있다. '가변성 태양광과 풍력 에너지'에는 실행 가능한 저장 방법으로도 극복할 수 없는 몇 가지 단점이 있다. 가변적 재생 에너지는 다음과 같은 이유로 항상 설비 용량과 생산된 전력량 사이의 차이가 생긴다.

A) 낮은 에너지 밀도와 낮은 에너지 효율로 인해 넓은 공간이 필요
B) 5~45% 사이의 예측할 수 없는 낮은 자연 용량 계수로 인해, 불규칙하고 예측할 수 없는 전기 생산
C) 변환, 주파수 컨디셔닝 및 송전 시 비효율성
D) 많은 원료 투입(단위 서비스당 재료 투입 비율)
E) 짧은 수명
F) 재활용의 어려움과 경제성
G) 낮은 순 에너지 효율(eROI, 에너지 투자 수익률)로 이어짐

전 세계적으로 자연 용량 계수(서문 참조)는 태양광이나 풍력 발전소의 설치 위치에 직접적인 영향을 받는다. 태양광이나 풍력 발전은 어떤 방식으로든 적용된 기술의 영향을 받지 않으며 의존하지 않는다. 가변적 재생 에너지에 사용되는 소재의 비효율성은 에너지 비효율성과 환경 발자국을 악화시킨다. 또한, 에너지 저장 시스템은 항상 복잡성을 증가시키고 에너지 변환을 필요로 하기 때문에(열역학 제2법칙 참조), 어떤 형태의 저장이든 항상 에너지 시스템의 순 에너지 효율(eROI)과 재료 효율성을 더욱 감소시킨다. 이는 에너지를 소모하거나 '낭비'하기 때문이다. 하지만, 어떠한 그리드-스케일의 장기 저장 방법으로도 재생 에너지 문제를 근본적으로 해결할 수는 없다.

1차 에너지만이 유일하게 에너지 인프라를 생산, 사용, 재활용하기

위한 총 에너지 투입량을 합리적으로 잘 결정할 수 있다고 생각한다. 에너지 생산 효율성과 재료의 효율성을 향상시키는 것이 모든 인류의 공통된 목표다. 따라서 에너지 투자 효율성을 높이고 재료 투입량을 줄이거나 최적화해야 한다. 태양광, 풍력, 바이오 연료는 현대 문명을 유지하는 데 필요한 한계치보다 낮은 평균 에너지 투자 효율성을 가지고 있기 때문에 전력망 그리드에 포함하는 것을 강력히 반대한다.

국제 정치 영역에, 원자재 공급과 가공에 대한 추가적인 우려가 생기고 있다. 중국은 핵심적인 태양광, 풍력, 전기차 생산과 거의 모든 '그린' 원자재 가공 공급망을 지배하고 있다. 에너지 안보는 석유, 석탄, 가스, 우라늄과 같은 에너지원 공급에 관한 것이기도 하지만 이제는 누가 짧은 수명의 '재생' 에너지 생산 용량 및 사용 장비 공급을 지배하는지에 관한 것이기도 하다.

태양광과 풍력만으로는 예상되는 총 에너지 수요를 맞출 만큼 충분한 전력을 생산할 수 없으며, 그리드 규모의 채택을 강요하는 것은 바람직하지 않다. 에너지를 저장하기 위한 변환이나 운송으로 발생하는 '재생' 에너지의 손실이 비효율적이라는 것은 말할 것도 없고, 우리의 생활 범위를 온난화시키는 데 일조할 것이므로 어떤 대가를 치르더라도 피해야 한다.

요약 정리

1. 미래의 에너지 수요량은 '탄소 중립' 경로와 생산 가능한 '재생 에너지' 발전량을 능가한다.
2. '재생' 에너지는 가까운 미래에도 결핍성 자원으로 남게 될 것이며, 재생 에너지가 광범위하게 채택됨으로 인해 인류의 순 에너지 효율은 현재의 인구와 생활 수준을 지원할 인류 문명을 유지하는 데 필요한 수준 이하로 떨어질 것이다.
3. 아직도 실용적이고 장기적인 그리드 규모의 에너지 저장 방법이 발견되었거나 제안 된 적이 없으며, 어떠한 에너지 저장 방법도 에너지 문제를 진정으로 해결할 수는 없다.

균등화 발전 비용(LCOE, 전력 생산 단가)은 한계 비용의 측정치이며 국가 또는 사회적 수준에서 의사 결정을 내릴 때 간헐적인 형태의 에너지 생산과 수요 공급 조절이 가능한 에너지 생산을 비교하는 것은 부적합하다. 사회 전체 비용을 정의하는 총 전기 비용(FCOE)을 사용하면 태양광과 풍력 에너지는 기존 발전보다 저렴하지 않으며 실제로 재생 에너지 시스템의 보급률이 증가함에 따라 더 비싸진다. 이는 전 세계적인 '그린' 에너지 전환에서 터무니없이 높아진 비용으로 나타나고 있다.

특히 독일에서 이러한 높은 전기 비용이 잘 나타난다.

에너지 부족과 에너지 빈곤을 피하는 타당한 방법이 있다면, 그것은 에너지 정책 입안자들과 투자자들이 풍력, 태양광, 바이오매스, 지열, 수력, 원자력, 천연가스, 석탄 중에서 어느 하나를 특별히 선호하는 대신 가변적인 '재생' 에너지 시스템도 포함해서 '모든' 에너지 시스템을 고려하는 것이다. 화석 연료에 대한 투자가 획기적으로 증가하지 않는다면, 조만간 도래할 장기적 세계 에너지 위기를 피하기 어려울 것이다. 만약 이산화탄소 배출량을 줄여야 한다면, 가장 효과적인 방법 중 하나는 초임계, 고효율, 저배출(USC HELE: Ultra-SuperCritical, High-Efficiency, Low-Emission) 발전소를 탄소 포집 사용 및 저장(CCUS: Carbon Capture Utilization and Storage) 기술과 결합하는 것이다. CCUS는 또한 에너지 비용이 들기 때문에 순 에너지 투자 효율(eROI)이 줄어든다. 하지만 전력망에 가변적 '재생' 에너지 시스템을 설치하는 것보다 환경적으로나 경제적으로 더 안정적이고 효율적일 것이다. 더구나, 시비(비료)를 통한 이산화탄소의 유익한 효과는 공정하게 평가되어야 한다. 이는 미래 기후 변화로 발생하는 손실 비용과 현재 가능한 기술력으로 저탄소 배출 에너지 시스템으로 전환하는 비용을 함께 냉정하게 검토되어야 할 것이다. 결과적으로 높아지는 전기 비용 때문에 이러한 전환 비용들은 가난한 사회에서 항상 더 높게 발생한다.

모든 에너지 소비는 지구에서 자원을 얻어야 하므로 환경에 부정적인 영향을 미친다. 투자 회수보다는 투자를 통해, 에너지와 재료의 효율성을 감소시키기보다는 효율 증대를 통해, 의미 있는 방식으로 환경에 부정적인 영향을 최소화하는 것이 인류의 목표여야 한다.

2100년에 예측된 기후 영향은 다음과 같은 기후 모델의 '평균'에 기반한 것이다: ⓐ현실과 거리가 먼 조작된 시나리오, ⓑ너무 높은 값으로 입증된 기후 민감도 사용, (c)세계가 기후 변화에 적응하지 못하리라 추정, (d)당연히 나타날 이산화탄소 시비(비료) 효과의 묵살, (e)인간에 의한 비-온실가스 효과 묵살 (f)자연 변동성을 크게 무시하기 때문에 1850년 이전의 기후 변화는 설명이 어렵다. 기후 변화의 잠재적 영향은 고려해야 할 수준이며 이를 무시해서는 안 되지만 그 원인은 제대로 규명되어야 한다(스티븐 쿠닌 교수의 『지구를 구한다는 거짓말』 2021년 참조).

따라서 우리는 에너지 정책 입안자들이 에너지 정책의 세 가지 목표인 에너지 안보, 에너지 경제성 및 환경 보호에 다시 초점을 맞출 것을 촉구한다. 이는 에너지의 미래를 위한 두 가지 경로로 제안 된다.

(1) 화석 연료에서 탈피해서 지속 가능한 새로운 에너지 혁명을 향해 나아가기 위해 교육과 기초 연구에 투자하여, 개인당 에너지 이용 가능성을 높혀야 한다.
(2) 이와 동시에, 에너지 정책은 최소한 새로운 에너지 혁명이 실현될 때까지 기존 에너지 시스템의 효율성을 개선하고 우리의 삶을 위한 에너지 생산의 환경적 부담을 줄이도록, 기존의 에너지 시스템에 대한 투자를 지원해야 한다.

우리는 에너지 생산 시스템에서 에너지 투자 효율(eROI)을 높이기 위해서 최선을 다해야 한다. 그리고 이것과는 별개로 에너지 소비에서도 뚜렷한 효율을 높이기 위해 모든 수단을 강구해야 한다. 에너지 생산과 소비는 흔히 함께 고려되고 있지만 실제로는 완전히 다르다. 이 책은 전기의 소비 측면이 아닌 전기 생산이나 발전 측면에 초점을 맞추고 있다.

에너지 투자 효율, 총 에너지 비용, 원자재 투입, 그리고 지금의 에너지 전환 경로가 글로벌 에너지 안보에 미치는 영향을 좀 더 잘 이해하기 위한 추가적인 연구가 필요하다.

부록 1
열역학 시스템 및 에너지 단위

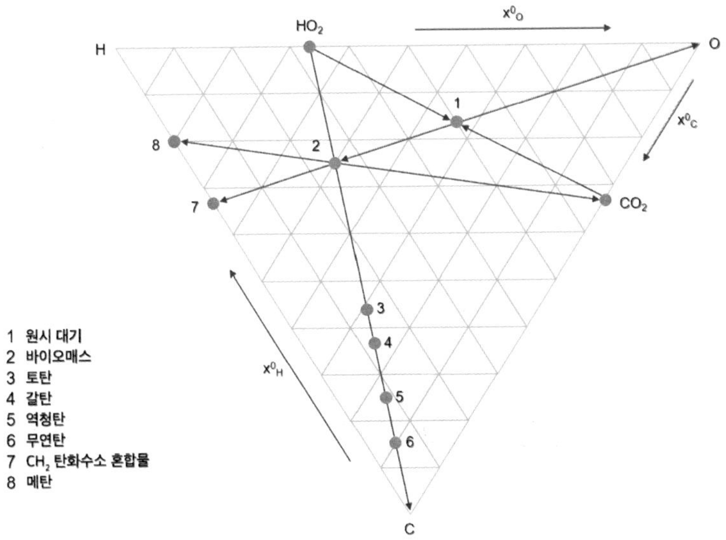

그림42: C-H_2-O_2 열역학 시스템에서의 연료:
탄수화물에서 석탄, 메탄, 액화 탄화수소로의 변환

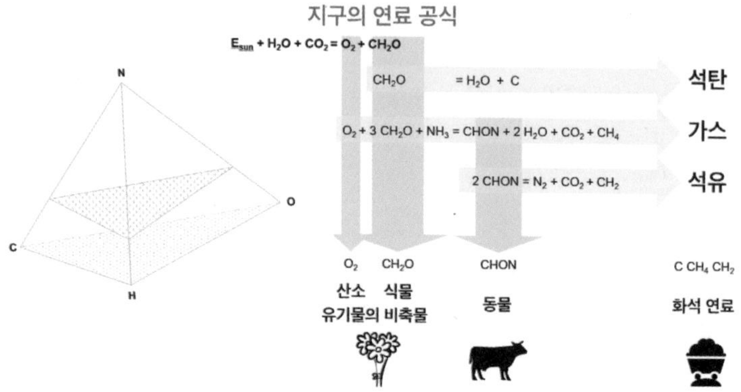

그림 43: C-H-O-N 열역학 시스템

투입량 \ 산출량	kJ	kcal	kWh	Kg ce	kg oe	m^3 natural gas	BTU
1 kJ	1	0.2388	0.000278	0.000034	0.000024	0.000032	0.947817
1 kcal	4.1868	1	0.001163	0.000143	0.0001	0.00013	3.96566633
1 kWh	3,600	860	1	0.123	0.086	0.113	3,412.14
1 kg ce	29,308	7,000	8.14	1	0.70	0.924	27,778.13
1 kg oe	41,868	10,000	11.63	1,428	1	1,319	39,683.05
1 m^3 natural gas	31,736	7,580	8,816	1,082	0.758	1	-
1 BTU	1.05506	0.252165392	0.000293072	3.599954E-5	2.519968E-5	-	1

그림 44: 에너지 단위의 환산량

부록 2
관련 논문

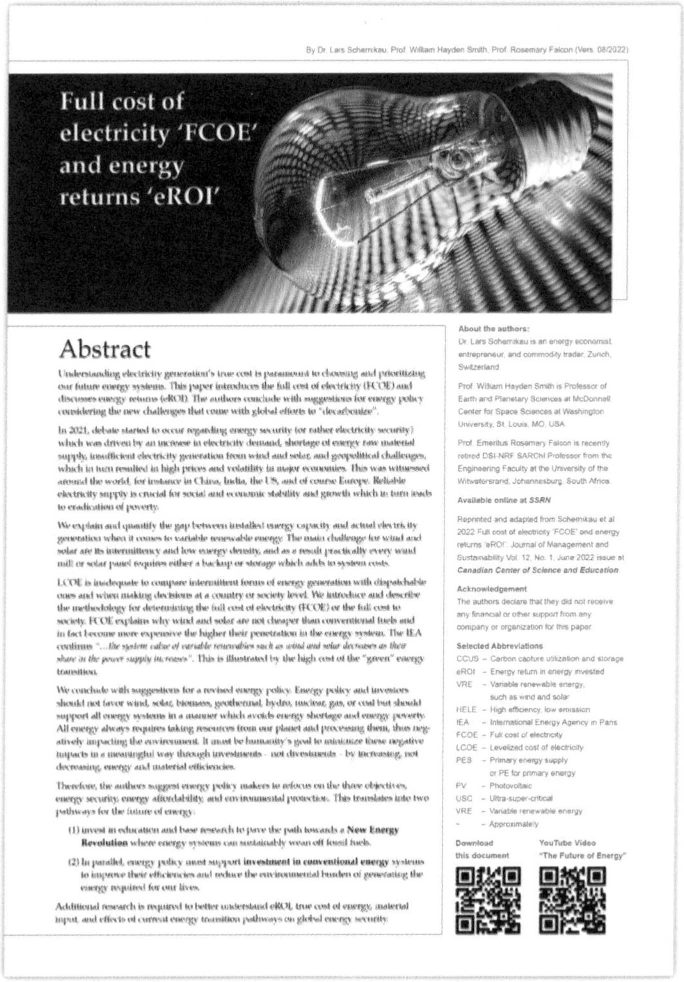

By Dr. Lars Schernikau, Prof. William Hayden Smith, Prof. Rosemary Falcon (Vers. 08/2022)

Full cost of electricity 'FCOE' and energy returns 'eROI'

Abstract

Understanding electricity generation's true cost is paramount to choosing and prioritizing our future energy systems. This paper introduces the full cost of electricity (FCOE) and discusses energy returns (eROI). The authors conclude with suggestions for energy policy considering the new challenges that come with global efforts to "decarbonize".

In 2021, debate started to occur regarding energy security (or rather electricity security) which was driven by an increase in electricity demand, shortage of energy raw material supply, insufficient electricity generation from wind and solar, and geopolitical challenges, which in turn resulted in high prices and volatility in major economies. This was witnessed around the world, for instance in China, India, the US, and of course Europe. Reliable electricity supply is crucial for social and economic stability and growth which in turn leads to eradication of poverty.

We explain and quantify the gap between installed energy capacity and actual electricity generation when it comes to variable renewable energy. The main challenge for wind and solar are its intermittency and low energy density, and as a result practically every wind mill or solar panel requires either a backup or storage which adds to system costs.

LCOE is inadequate to compare intermittent forms of energy generation with dispatchable ones and when making decisions at a country or society level. We introduce and describe the methodology for determining the full cost of electricity (FCOE) or the full cost to society. FCOE explains why wind and solar are not cheaper than conventional fuels and in fact become more expensive the higher their penetration in the energy system. The IEA confirms *"...the system value of variable renewables such as wind and solar decreases as their share in the power supply increases"*. This is illustrated by the high cost of the "green" energy transition.

We conclude with suggestions for a revised energy policy. Energy policy and investors should not favor wind, solar, biomass, geothermal, hydro, nuclear, gas, or coal but should support all energy systems in a manner which avoids energy shortage and energy poverty. All energy always requires taking resources from our planet and processing them, thus negatively impacting the environment. It must be humanity's goal to minimize these negative impacts in a meaningful way through investments - not divestments - by increasing, not decreasing, energy and material efficiencies.

Therefore, the authors suggest energy policy makers to refocus on the three objectives, energy security, energy affordability, and environmental protection. This translates into two pathways for the future of energy:

(1) invest in education and base research to pave the path towards a **New Energy Revolution** where energy systems can sustainably wean off fossil fuels.

(2) In parallel, energy policy must support **investment in conventional energy** systems to improve their efficiencies and reduce the environmental burden of generating the energy required for our lives.

Additional research is required to better understand eROI, true cost of energy, material input, and effects of current energy transition pathways on global energy security.

About the authors:

Dr. Lars Schernikau is an energy economist, entrepreneur, and commodity trader, Zurich, Switzerland.

Prof. William Hayden Smith is Professor of Earth and Planetary Sciences at McDonnell Center for Space Sciences at Washington University, St. Louis, MO, USA.

Prof. Emeritus Rosemary Falcon is recently retired DSI-NRF SARChI Professor from the Engineering Faculty at the University of the Witwatersrand, Johannesburg, South Africa.

Available online at *SSRN*

Reprinted and adapted from Schernikau et al 2022 Full cost of electricity 'FCOE' and energy returns 'eROI'. Journal of Management and Sustainability Vol. 12, No. 1, June 2022 issue at ***Canadian Center of Science and Education***

Acknowledgement

The authors declare that they did not receive any financial or other support from any company or organization for this paper.

Selected Abbreviations

CCUS – Carbon capture utilization and storage
eROI – Energy return in energy invested
VRE – Variable renewable energy, such as wind and solar
HELE – High efficiency, low emission
IEA – International Energy Agency in Paris
FCOE – Full cost of electricity
LCOE – Levelized cost of electricity
PES – Primary energy supply or PE for primary energy
PV – Photovoltaic
USC – Ultra-super-critical
VRE – Variable renewable energy
~ – Approximately

Download this document

YouTube Video "The Future of Energy"

라스 쉐르니카우 박사, 윌리엄 스미스 교수, 로스메리 팰컨 교수가 저술한 과학 논문은 「Full Cost of Electricity 'FCOE' and Energy Returns 'EROI'」(Canadian Journal of Management ans Sustainability, Vol.12, No.1, p.96)로 2022년 5월에 출판되었다. 전체 전기 비용과 에너지 반환에 대한 설명이 나타나 있다.

By Dr. Lars Schernikau and Prof. William Hayden Smith (vers. 03/2022)

„Climate Impacts“ of Fossil Fuels in Today's Energy Systems

Abstract

Oil, coal, and gas account for ~80% of global PE, but only a portion of total airborne CO_2^{eq} (~40% at GWP_{20} to ~60% at GWP_{100}), even though they account for 95% of total measured CO_2 emissions. Benefits of these energy sources as well as their related costs are not all incorporated in current energy policy discussions. Global GHG policies must include documented changes in measured airborne CO_2^{eq} to avoid spending large amounts of public funds on ineffective or sub-optimal policies.

The authors examined airborne CO_2, which is less than half of emitted CO_2, as well as reported methane emissions and the global warming potential (GWP) of methane as published by the IPCC for coal and natural gas. The authors point out their reservations about IPCC's GWP*. The surprising conclusion is that surface-mined coal appears "better for the climate" than the average natural gas and all coal appears beneficial over LNG. Therefore, current CO_2-only reduction policies and CO_2 taxes are leading to misguided consequences and the switch from coal to gas, especially LNG, will not have the desired impact of reducing predicted future global warming, quite the contrary. Approximately 30% of global warming since pre-industrial times is attributed to methane by the IPCC and IEA, while it must be noted that methane emissions from natural sources account for ~40% and agriculture for ~25% of annual global methane emissions. Energy accounts for ~20% of documented methane emissions.

This study finds that CO_2 contributes only ~35% of annual airborne anthropogenic GHG emissions after accounting for methane, over a 20-year horizon. At a 100-year horizon, CO_2's contribution increases to ~60%. Energy policy that does not consider all GHG emissions along the entire value chain will lead to undesired economic and environmental distortions. All carbon taxation and CO_2 pricing schemes are incorrect and need to be revised.

At IPCC's 20-year GWP, a ~2% higher loss of methane* across the value chain prior to combustion of natural gas versus coal will lead to "climate parity" of coal with natural gas. Analyzing public data, natural gas value chains have high methane and undocumented CO_2 losses. On global average, using only IEA documented methane data, natural gas emits ~15% more CO_2^{eq} than surface-mined coal over a 20-year horizon. This difference increases as the use of shale gas and LNG expands.

Investors should support all reliable energy systems in a manner which avoids an energy crisis and allows human development and eradication of poverty. If CO_2 emissions need to be reduced, one of the most effective ways would be to install ultra-super critical power plants with CCUS technology. However, the undisputed benefits of increased CO_2 concentrations in the atmosphere because of its photosynthetic and growth effects (fertilization) on plants need to be considered in energy policy decisions as well. The authors suggest that future research and development should concentrate on reducing net emissions of fossil fuel power plants and providing cost effective and reliable conventional new power generation, utilizing clean coal and clean natural gas technology.

* The coal/gas break-even number increases from ~2% to ~5.8% loss of methane using IPCC's 100-year Global Warming Potential GWP_{100} instead of 20-year GWP_{20}. Detailed calculations under Reference

Peer-reviewed accepted manuscript reprinted/adjusted from Scientific Journal SAIMM (The South African Institute of Mining and Metallurgy)

About the authors:

Dr. Lars Schernikau is an energy economist, investor, and commodity trader (Orcid 6469-0117).

Prof. William Hayden Smith is Professor of Earth and Planetary Sciences at McDonnell Center for Space Sciences at Washington University, St. Louis, MO, USA (Orcid 9839-7023).

Available online at SSRN and ResearchGate

Acknowledgement

The authors declare that they did not receive any financial or other support from any company or organization for this paper.

Key Abbreviations

CH_4	– Methane
CCUS	– Carbon Capture Utilization and Storage
CO_2	– Carbon Dioxide
CO_2^{eq}	– CO_2 equivalents incorporating CO_2 and CH_4, using IPCC's Global Warming Potential
GHG	– Greenhouse Gas
Gt	– Giga tons, or billion metric tons
GWP	– Global Warming Potential as defined by IPCC and specified over 20 or 100 years
IEA	– International Energy Agency in Paris
IPCC	– UN's Intergovernmental Panel on Climate Change
LNG	– Liquified Natural Gas
Mt	– Mega tons, or million metric tons
NG	– Natural Gas
PE	– Primary Energy
PNG	– Pipeline Natural Gas
USC	– Ultra-Super Critical
"~"	– approximately

쉐르니카우 및 스미스가 쓴, 전문가 평가를 받은 과학 논문 「Climate impacts of fossil fuels in modern energy systems」(Journal of the Southern African Institute of Mining and Metallurgy, vol.122, no.3, pp.133~146)는 2022년 3월 출판되었다. IPCC 및 IEA 데이터만을 사용하여 석탄 및 가스의 기후 영향을 비교했다.

By Prof. William Hayden Smith and Dr. Lars Schernikau, (Vers. 11/2022)

An Introduction to Wind Energy

Can „Renewables“ Replace Fossil Fuel and Nuclear Energy in Germany?

By Prof. William Hayden Smith and Dr. Lars Schernikau

Abstract

Electricity can, in principle, power all the energy demands of civilization, provided sufficient electricity can be produced reliably and at an affordable cost.

Here, we detail and summarize the physical mechanisms of wind energy, and pose the question whether the wind resource or the wind plus the solar resource can meet the entire energy demand of Germany as planned under NetZero 2050.

Our back-of-envelope, but physical analysis using only published data, shows that the attainable renewable energy supply is unlikely to match the German future energy demand. The reason is that the total land/sea area required for wind farms and PV parks to power Germany reliably approximates the area of Germany. Grid scale wind-solar energy system creates climatological effects comparable to CO_2, and threatens severe ecological consequences, some of which could be irreversible.

Mining, processing, and fabrication during the energy transition plus the rapid and continual "repowering" of the massive wind farms and PV parks results in materials and commodities demand far exceeding those currently anticipated. Combined with a decade of decreasing growth of wind power, "Net-Zero" 2050 goals will not be achieved without an enhanced, exponential growth.

The magnitude of the backup for German variable renewable energy is computed and compared with Norway's total hydroelectric energy storage. The Norwegian hydroelectric storage can meet German electrical demand for less than 6 days, not the required minimum one month. The growth of future electrical energy demand, under "Net-Zero" 2050, necessary to cover all energy demand, eliminates the possibility of a sufficient hydroelectric backup. Other backup options fail, leaving a fundamental unsolved issue.

The conclusion is that the 'Energiewende' leaves Germany in thrall to growing energy deficits which can be avoided only by conventional energy resources until a replacement energy supply that 'adds up' is created.

About the authors:
Prof. William Hayden Smith is Professor of Earth and Planetary Sciences at McDonnell Center for Space Sciences at Washington University, St. Louis, MO, USA. https://orcid.org/0000-0001-9839-7023

Dr. Lars Schernikau is an energy economist, entrepreneur, and commodity trader in the energy raw materials industry; Zurich, Switzerland and Singapore. https://orcid.org/0000-0001-6469-0117

Draft Paper, currently for Peer Review

Publicly available at

Selected Abbreviations

BOE	– Back of the envelope
CCUS	– Carbon capture utilization and storage
CF	– Capacity factor
CSP	– Concentrated solar power
DR	– Dynamic reserve
ERR	– Energy extraction and restoration rate (also called energy rate of restoration)
eROI	– Energy return on energy invested (also often referred to as eROEI)
EV	– Electric vehicle
GH	– "Green" hydrogen
GHG	– Greenhouse gas
GW	– Gigawatt, 1.000 MW or 109 watts (power unit); 1 TW, terawatt = 1 000 GW
HELE	– High efficiency, low emission
HFNT	– hydrocarbon fueled and nuclear thermal power plants
IEA	– International Energy Agency in Paris
MTOe	– Million tons of oil, equivalent
PA	– Peak-to-average power ratio
PE	– Primary energy (PES = primary energy supply)
PV	– Photovoltaic
T-C	– Tri-cellular circulation of the atmosphere
TWh	– Terawatt-hour, 1 000 GWh, PWh, petawatt-hour = 1 000 TWh
VRE	– Variable renewable energy, such as wind and solar
WT	– Wind turbine
~	– Approximately

Disclaimer: This is a back-of-the-envelope calculation based on published, referenced data. The calculations depend on the stated assumptions. The interested reader may revise these BOEs with their own assumptions.

Keywords: energy policy, electricity, wind energy, wind turbines, wind, solar, renewable energy, capacity factor, cost of electricity, energy restoration

스미스와 쉐르니카우 2022, 풍력 에너지의 소개

과학 논문 스미스와 쉐르니카우 2022, 「풍력 에너지의 소개」
"독일에서 '재생 에너지'가 화석 연료와 원자력 에너지를 대체할 수 있을까?"란 질문과 100% 풍력으로 독일에 전력을 공급하려면 무엇이 필요한지에 대해 논의한다. 이것은 이론적 계산과 계산에 필요한 노력을 잘 설명해 준다. 이 논문은 또한 현대식 풍력 터빈이 현재 사용되는 기술과 관계없이 극복할 수 없는 물리적, 자연적 한계와 바람 자원의 상세한 경제적 요약을 제공한다. 이 논문은 2022년 7월 Elsevier의 SSRN 전자 저널에 처음 게재되었다.

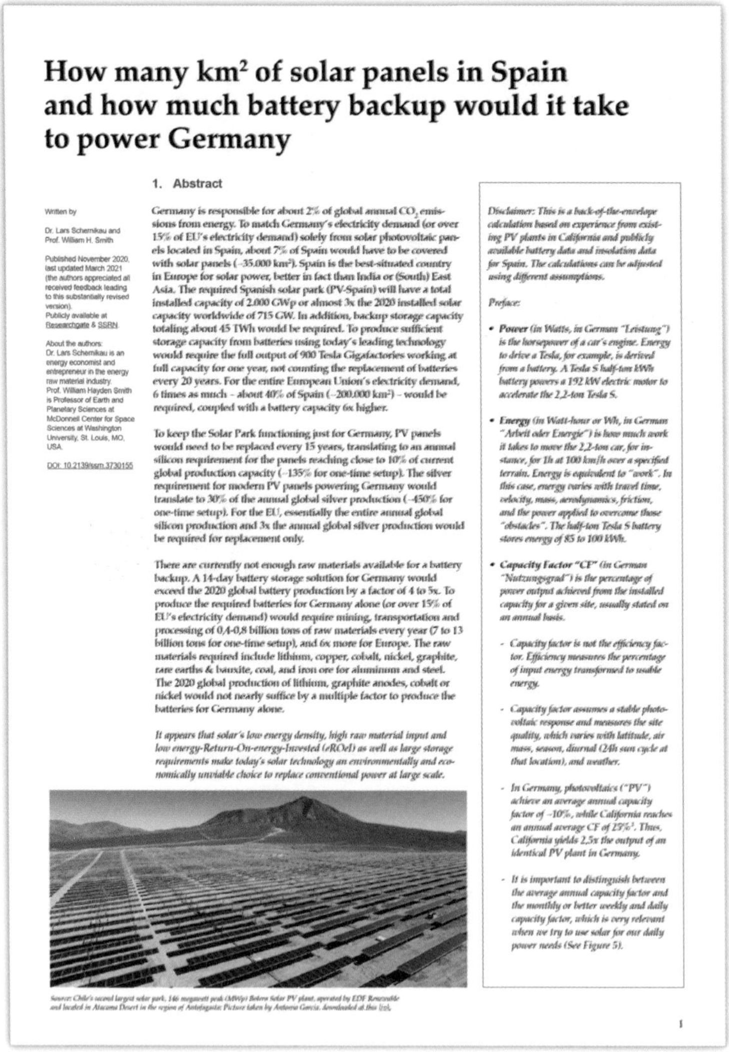

How many km² of solar panels in Spain and how much battery backup would it take to power Germany

1. Abstract

Written by

Dr. Lars Schernikau and Prof. William H. Smith

Published November 2020, last updated March 2021 (the authors appreciated all received feedback leading to this substantially revised version).
Publicly available at Researchgate & SSRN.

About the authors:
Dr. Lars Schernikau is an energy economist and entrepreneur in the energy raw material industry.
Prof. William Hayden Smith is Professor of Earth and Planetary Sciences at McDonnell Center for Space Sciences at Washington University, St. Louis, MO, USA.

DOI: 10.2139/ssrn.3730155

Germany is responsible for about 2% of global annual CO_2 emissions from energy. To match Germany's electricity demand (or over 15% of EU's electricity demand) solely from solar photovoltaic panels located in Spain, about 7% of Spain would have to be covered with solar panels (~35.000 km²). Spain is the best-situated country in Europe for solar power, better in fact than India or (South) East Asia. The required Spanish solar park (PV-Spain) will have a total installed capacity of 2.000 GWp or almost 3x the 2020 installed solar capacity worldwide of 715 GW. In addition, backup storage capacity totaling about 45 TWh would be required. To produce sufficient storage capacity from batteries using today's leading technology would require the full output of 900 Tesla Gigafactories working at full capacity for one year, not counting the replacement of batteries every 20 years. For the entire European Union's electricity demand, 6 times as much – about 40% of Spain (~200.000 km²) – would be required, coupled with a battery capacity 6x higher.

To keep the Solar Park functioning just for Germany, PV panels would need to be replaced every 15 years, translating to an annual silicon requirement for the panels reaching close to 10% of current global production capacity (~135% for one-time setup). The silver requirement for modern PV panels powering Germany would translate to 30% of the annual global silver production (~450% for one-time setup). For the EU, essentially the entire annual global silicon production and 3x the annual global silver production would be required for replacement only.

There are currently not enough raw materials available for a battery backup. A 14-day battery storage solution for Germany would exceed the 2020 global battery production by a factor of 4 to 5x. To produce the required batteries for Germany alone (or over 15% of EU's electricity demand) would require mining, transportation and processing of 0,4-0,8 billion tons of raw materials every year (7 to 13 billion tons for one-time setup), and 6x more for Europe. The raw materials required include lithium, copper, cobalt, nickel, graphite, rare earths & bauxite, coal, and iron ore for aluminum and steel. The 2020 global production of lithium, graphite anodes, cobalt or nickel would not nearly suffice by a multiple factor to produce the batteries for Germany alone.

It appears that solar's low energy density, high raw material input and low energy-Return-On-energy-Invested (eROeI) as well as large storage requirements make today's solar technology an environmentally and economically unviable choice to replace conventional power at large scale.

Source: Chile's second largest solar park, 146 megawatt peak (MWp) Bolero Solar PV plant, operated by EDF Renewable and located in Atacama Desert in the region of Antofagasta: Picture taken by Antonia Garcia, downloaded at this link.

Disclaimer: This is a back-of-the-envelope calculation based on experience from existing PV plants in California and publicly available battery data and insolation data for Spain. The calculations can be adjusted using different assumptions.

Preface:

- ***Power** (in Watts, in German "Leistung") is the horsepower of a car's engine. Energy to drive a Tesla, for example, is derived from a battery. A Tesla S half-ton kWh battery powers a 192 kW electric motor to accelerate the 2,2-ton Tesla S.*
- ***Energy** (in Watt-hour or Wh, in German "Arbeit oder Energie") is how much work it takes to move the 2,2-ton car, for instance, for 1h at 100 km/h over a specified terrain. Energy is equivalent to "work". In this case, energy varies with travel time, velocity, mass, aerodynamics, friction, and the power applied to overcome those "obstacles". The half-ton Tesla S battery stores energy of 85 to 100 kWh.*
- ***Capacity Factor "CF"** (in German "Nutzungsgrad") is the percentage of power output achieved from the installed capacity for a given site, usually stated on an annual basis.*
  - *Capacity factor is not the efficiency factor. Efficiency measures the percentage of input energy transformed to usable energy.*
  - *Capacity factor assumes a stable photovoltaic response and measures the site quality, which varies with latitude, air mass, season, diurnal (24h sun cycle at that location), and weather.*
  - *In Germany, photovoltaics ("PV") achieve an average annual capacity factor of ~10%, while California reaches an annual average CF of 25%[3]. Thus, California yields 2,5x the output of an identical PV plant in Germany.*
  - *It is important to distinguish between the average annual capacity factor and the monthly or better weekly and daily capacity factor, which is very relevant when we try to use solar for our daily power needs (See Figure 5).*

1

쉐르니카우와 스미스 2021, 「스페인의 태양광 에너지로 독일에의 전력 공급」

과학 논문 쉐르니카우와 스미스 2021 「How Many km² of Solar Panels in Spain and how much battery backup would it take to power Germany」는 배터리로 백업되는 스페인에서 생산된 100% 태양광으로 독일에 전력을 공급하는 데 무엇이 필요한지 논의한다. 이것은 이론적 계산과 계산에 필요한 노력을 나타낸다. 이 논문은 2021년 4월 Elsevier의 SSRN 전자 저널에 게재되었다.

참고문헌 및
그림 목록

참고 문헌

AGE 2021, AG Energiebilanzen e.V. 2021, Zusatzinformationen

Air Products 2021, ACWA Power and NEOM Sign Agreement for $5 Billion Production Facility, July 2020

Allwood, Julian and Jonathan Cullen 2015, Sustainable Materials without the hot air, UIT Cambridge, Sep 2015, Book ISBN 978-1-906860-30-1

Agora 2022, Agora Energiewende, Energiewende Deutschland Stand 2021, for German electricity data during April and May 2022

Atasu et al. 2021, INSEAD, The Hidden Cost of Solar Energy, Dec 2021; also published by Harvard Business Review, HBR, Jun 2021

Barron-Gafford et al. 2016, The Photovoltaic Heat Island Effect: Larger Solar Power Plants Increase Local Temperatures, Scientific Reports 6, no. 1

Baruya 2019, former IEA-Clean Coal Center: The Economic and Strategic Value of Coal, CCC/296

Bauer et al. 2021, authored by Bauer, Thomas, Christian Odenthal, and Alexander Bonk, Molten Salt Storage for Power Generation, Chemie Ingenieur Technik 93, no. 4 (January 2021): 534-46

BCG and IEF 2020, Oil and Gas Investment in the New Risk Environment;

International Energy Forum IEF' is world's largest international organization of energy ministers from 70 countries.

BCG 2021a, BCG CEO Guide to Cyber Security, Sep 2021

BCG 2021b, Mastering Scale in Renewables, Jun 2021

BCG 2021c: Executive Perspectives: The time for climate action is now

BfWE 2020, Bundesministerium für Wirtschaft und Energie, EEG in Zahlen: Vergütung, Differenzkosten und EEG-Umlage 2000-2021

Bleich, Daniel 2022, Eine Einführung in das Energienetz - Wieso uns Wind und Sonne aktuell nicht retten und es auch (noch) keine Speicher gibt, Ruhrbarone, Aug 2022

Bloomberg 2021, By Mark Chediak and Naureen S Malik, California to Build Temporary Gas Plants to Avoid Blackouts, Aug 2021

Bloomberg 2022a, South Africa Is Poised for 101 Days of Power Outages This Year, Apr 2022

Bloomberg 2022, by Shankleman, Alberto Nardelli, Chiara Albanese and Jessica, Big Blow to Climate Change as Germany Pushes for G7 Reversal of Fossil Fuel Commitments, 25 June 2022, without paywall

BNEF 2021, Bloomberg New Energy Finance: Energy Transition Investment Trends.

Bossel, Ulf and B. Eliasson 2006, Energy and the Hydrogen Economy, Proceedings of the IEEE, Vol. 94, No. 10, Oct2006, 36

Bossel et al. 2009, Ulf Bossel, Baldur Eliasson, and Gordon Taylor, The Future of the Hydrogen Economy: Bright or Bleak?, Cogeneration and Distributed Generation Journal, Volume 18, Issue 3, Dec 2009

BP 2019, BP Statistical Review of World Energy, Primary Energy; BP donates TPES/capita at 75,7GJ/capita or 21.023 kWh/capita in 2019.

BP 2020, BP Statistical Review of World Energy 2020

BP 2021, BP Statistical Review of World Energy 2021

BP 2022, BP Statistical Review of World Energy 2022

Caraballo et al. 2021, authored by Caraballo, Adrián, Santos Galán-Casado, Ángel Caballero, and Sara Serena, Molten Salts for Sensible Thermal Energy Storage: A Review and an Energy Performance Analysis, Energies 14, no. 4 (January 2021): 1197

Cairney-RenewEconomy 2021, authored by Professors Cairney, Hutchinson, Preuss, and Dr. Chen, Embrittlement: Hydrogen Could Be the Future of Energy - but There's One Big Road Block, Mar 2021

Carbajales-Dale et al. 2014, Can We Afford Storage? A Dynamic Net Energy Analysis of Renewable Electricity Generation Supported by Energy Storage, Energy & Environmental Science 7, no. 5

CDIAC 2021, Historical Carbon Dioxide Record from the Vostok Ice Core, Dec 2021

CEA 2020, Central Electricity Authority, Indian coal space requirement from CEA, April 2020

Chen et al. 2019, The Potential of Photovoltaics to Power the Belt and Road Initiative, Joule 3

CleanTechnica 2022, by Michael Barnard, Energy Vault Loses $1.2 Billion/40% Market Cap, CO_2e/KWh Worse Than Natural Gas, CleanTechnica, Apr 2022

CNBC 2022, authored by Clifford, Catherine, Europe Will Count Natural Gas and Nuclear as Green Energy in Some Circumstances, CNBC, Jul 2022

Collins, Leigh 2022a, World's Largest Green Hydrogen Project Unveiled in Texas, with Plan to Produce Clean Rocket Fuel for Elon Musk | Recharge, RechargeNews, Mar 2022

Collins, Leigh 2022b, 'Europe Is Never Going to Be Capable of Producing Its Own Hydrogen in Sufficient Quantities': EU Climate Chief, RechargeNews, Latest renewable energy news, May 2022

Columbia 2022, SIPA Center on Global Energy Policy, Hydrogen: A Hot Commodity Lacking Sufficient Statistics, by Anne-Sophie Corbeau, Apr 2022

Davie, Michael 2022, The Rush for Cobalt in the Congo Reveals the Human Cost of the World's Green Ener-y Future - ABC News, Feb 2022

Delannoy et al. 2021, EROI - peak oil and the low-carbon energy transition: A net-energy perspective, Applied Energy 304, Aug 2021, 117843

Derwent et al. 2006, authored by Derwent, R., P. Simmonds, S. O'Doherty, A. Manning, W. Collins, C. Johnson, M.l Sanderson, D. Stevenson, Global Environmental Impacts of the Hydrogen Economy, 2006

DeSantis et al. 2022, authored by DeSantis, James, Houchins, Saur, and Lyubowsky, Cost of long-distance energy transmission by different carriers, iScience, Dec 2021

Deyfuss et al. 2022, authored by Dreyfus, Xu, Shindell, Zaelke, and Ramanathan, Mitigating Climate Disruption in Time: A Self-Consistent Approach for Avoiding Both Near-Term and Long-Term Global Warming, Proceedings of the National Academy of Sciences 119, no. 22, May 2022

Dierig, Carsten 2022, die Welt, Energiekosten: 200.000 Jobs in Gefahr - Stahlindustrie im Klima-Dilemma, 2022

DOE 2015, Department of Energy, Quadrennial Technology Review 2015, p390 Table 10.4, Sep 2015

DW 2022, Deutsche Welle(www.dw.com), 'Grüner Stahl' - welche Erfolgschancen hat er wirklich?, 10.06.2022, DW.COM, Jun 2022

EC 2022, EC Subsidies - Energy Taxation, Carbon Pricing and Energy Subsidies, Jan 2022

Economist 2021, The Economist, The Climate Issue: Hitting "Net-Zero" by 2050, Newsletter 22 Mar 2021

EIA 2021, US Energy Information Administration, Annual Energy Outlook 2021, Feb 2021

EIA AEO Assumptions 2022, Assumptions on the Annual Energy Outlook 2022: Electricity Market Module, Mar 2022.

EPA 2022, Energy Protection Agency of the USA: Economics of Biofuels, Overviews and Factsheets, Apr 2022

Eschenbach, Willie 2017, The Cruelest Tax Of All | Skating Under The Ice (wordpress.com), Detail: the Energy Information Agency (EIA) collects relevant data, with exception of gasoline usage. Eschenbach collected most recent data for 2009 (Excel workbook). Gasoline usage figures are here from the US Bureau of Labor Statistics. Income averages by tiers are available here from the US Census Bureau.

Everett, Bruce 2021, The Social Cost of Carbon and Carbon Taxes - Pick a Number, Any Number, CO_2Coalition

FOCUS 2022, Bundesregierung rät Firmen zum Kauf von Notstromaggregaten, FOCUS Online, Jul 2022

Fraunhofer 2022, Fraunhofer Institute, Energy Charts

Fujimuri et al. 2020, An assessment of the potential of using carbon tax revenue to tackle poverty, Environ. Res. Lett. 15 114063

Gaertner, Edgar, 2022, "Erneuerbare" versauen die Netzfrequenz und verursachen Kurzschlüsse, Sep 2022

Gilder, George 2018, Life After Google: The Fall of Big Data and the Rise of the Blockchain Economy, Book ISBN 9781621575764, Chapter 8

Global Wind Atlas 2022, Wind map

Global Solar Atlas 2022, Solar map

Greenberg, Andy 2019, Sandworm - a new era of cyberwar and the hunt for the Kremlin's most dangerous hackers, Nov 2019, Book ISBN 978-0-385-54440-5

GSU 2021, Georgia State University, on heat pumps, Dec 2021

Recharge News 2022a, Liquid Hydrogen as Shipping Fuel

Recharge News 2022b, Hydrogen twice as powerful a GHG a previously thought, Hydrogen GWP20

H_2-View2021, $9.4bn H_2MegaprojectSetforNamibia,Nov2021

Harvey, Fiona 2021, The Guardian, May 2021

Haverd et al. 2019, Higher than Expected CO_2Fertilization Inferred from Leaf to Global Observations, Global Change Biology26, no.4(Nov.2019): 2390-2402

HC Group 2021, Hydrogen: Hope, Hype and Thermodynamics with Paul Martin, Oct 2021

Hoskins 2022, Ed Hoskins Blog and calculations, edmhdotme, The Excess Costs of European Weather-Dependent Power Generation 6/2022, Jun 2022

IAEA PRIS 2022, The International Atomic Energy Agency - Power Reactor Information System, detailed Statistics, Jul 2022

Idso, Craig 2021, extensive list of peer-reviewed academic papers confirming CO_2fertilization,CO_2Science

IEA 2019, Is Exponential Growth of Solar PV the Obvious Conclusion? by Brent Wanner, Feb 2019

IEA Power 2019, Installed power generation capacity in the Stated Policies Scenario, Nov 2019

IEA Statistics 2019, Statistics Questionnaire FAQ, Nov 2019

IEA Investments 2020, World Energy Investments 2020

IEA WEO 2020, World Energy Outlook 2020

IEA Electricity 2021, Projected Costs of Generating Electricity 2020, Dec 2020

IEA Statistics 2021, Key World Energy Statistics, Sep 2021

IEA Investments 2021, World Energy Investments 2021

IEA Electricity 2021, Electricity Market Report, Jul 2021

IEA WEO 2021, World Energy Outlook 2021

IEA Net-Zero 2021, Net Zero by 2050 - Analysis, May 202

IEA Minerals 2021, The Role of Critical Minerals in Clean Energy Transitions, May 2021

IEA 2022, Energy transitions require innovation in power system planning, Jan 2022

IEA Electricity 2022, Electricity market report, Jan 2022

IEA WEO 2022, World Energy Investments 2022

IEA Solar 2022, Solar Report - Supply Chains - The World Needs More Diverse Solar Panel Supply Chains to Ensure a Secure Transition to Net Zero Emissions

IEEJ 2020, Institute of Energy Economics Japan, IEEJ Energy Outlook 2020, Jan 2020

IEEJ 2021, Institute of Energy Economics Japan, IEEJ Energy Outlook 2021, Oct 2020

IMF 2021, A Global and Country Update of Fossil Fuel Subsidies, Sep 2021

Investopeida 2020, on learning curve

IPCC 2013, IPCC Assessment Report 5, Working Group 1, Climate Change 2013: The Physical Science Basis

IRENA 2020, Energy Subsidies - Evolution in the Global Energy Transformation to 2050

IRENA 2021, World Energy Transitions Outlook: 1.5°C Pathway, Jun 2021

IRENA 2022, World Energy Transitions Outlook: 1.5°C Pathway, Mar 2022

IRENA LCOE 2022, LCOE - Renewable Power Generation Costs in 2021, July 2022

JP Morgan 2022, Annual Energy Paper - The Elephants in the Room, May 2022

Kahn et al. 2021, Long-Term Macroeconomic Effects of Climate Change" Energy Economics 104

Kalt et al. 2022, authored by Kalt, Thunshirn, Krausmann, and Haberl, Material Requirements of Global Electricity Sector Pathways to 2050 and Associated Greenhouse Gas Emissions, Journal of Cleaner Production 358, Apr 2022): 132014

Kearney 2021, Refining 2021: Who Will Be in the Game?

Kemfert, Claudia 2021, Translated from Prof. Kemfert in RND, Wasserstoff ist nicht das neue Öl, Sep 2021

Kemfert et al. 2022, authored by Claudia, Fabian Präger, Isabell Braunger, Franziska M. Hoffart, and Hanna Brauers, The Expansion of Natural Gas Infrastructure Puts Energy Transitions at Risk, Nature Energy, Jul 2022, 1-6

Kiefer, Capt. Ike 2013, Twenty-First Century Snake Oil, Feb 2013, see page 6 in Chapter 3.3 on hydrogen and page 15 in Chapter 5 on eROI.

Kis et al. 2018, Electricity Generation Technologies: Comparison of Materials Use, Energy Return on Investment, Jobs Creation and CO_2EmissionsReduction,EnergyPolicy120

Kleijn et al. 2011, authored by Kleijn, René, Ester van der Voet, Gert Jan Kramer, Lauran van Oers, and Coen van der Giesen. "Kleijn et al 2011: Metal Requirements of Low-Carbon Power Generation", Energy 36, no. 9, Sep 2011

Kober et al. 2020, Global energy perspectives to 2060 - WEC's World Energy Scenarios 2019, Energy Strategy Reviews 31: 100523

Koonin, Steven 2021, Book: -nsettled - What Climate Science Tells Us, What It Doesn't, and Why It Matters. BenBella Books, Book ISBN 978-1-950665-79-2

KU Leuven 2022, Europe's Metal Association, Metals for Clean Energy: Pathways to Solving Europe's Raw Materials Challenge, April 2022

Lane, Charles 2022, Washington Post Article, Review of Vaclav Smil's 2022 book, A scientist's inconvenient truths about decarbonizing the economy, May 2022

Lomborg, Bjorn 2020, Welfareinthe21stcentury,TechnologicalForecasting&Soci

alChange156(2020)119981

Lu et al. 2020, Impacts of Large-Scale Sahara Solar Farms on Global Climate and Vegetation Cover, Geophysical Research Letters 48, e2020GL090789

Manheimer, Wallace 2022, Civilization Needs Sustainable Energy - Fusion Breeding May Be Best, Journal of Sustainable Development 15, no. 2: p.98

MAN Energy Solutions 2021, MAN Molten Salt Energy Storage Report (MOSAS), Nov 2021

Mar et al. 2022, authored by Mar, Kathleen A., Charlotte Unger, Ludmila Walderdorff, and Tim Butler, Beyond CO_2Equivalence:TheImpactsofMethaneonClimate,Ecosystems,andHealth,EnvironmentalScience&Policy134,Apr2022:127-36

McFadden, Christopher 2019, The Kardashev Scale: How Far Can Humanity Advance as a Civilization?, Feb 2019

McKinsey 2018, Automation and the Workforce of the Future, May 2018

McKinsey 2021a, Global Energy Perspectives 2021 and 2019

McKinsey 2021b, Net-Zero Power: Long-Duration Energy Storage for a Renewable Grid, Nov 2021

McKinsey 2022a, The Net-Zero Transition: Its Cost and Benefits, Jan 2022

McKinsey 2022b, Christer Tryggestad et al., Global Energy Perspective 2022 Executive Summary, Apr 2022

Mearns, E. 2016, ERoEI for Beginners, Energy Matters

Michaux, Simon 2021, Finland, Assessment of Size and Scope of Non Fossil Fuel System to Phase out Oil Gas and Coal, Sep 2021

Miller, L. and Keith, D. 2018, Climatic Impacts of Wind Power, Joule 2

MISO 2021, US Midcontinent Independent System Operator, MISO Report Concludes Upwards of 50% Renewables Is Achievable with Careful Planning, Renewable Energy World(blog), Feb 2021

Montel 2022, Norway to Curb Power Exports on Hydro Dearth, August 2022

Moore, Michael 2020, Movie: Planet of the Humans | Full Documentary | Directed by Jeff Gibbs

Moore, Patrick 2017, The Positive Impact of Human CO_2 Emissions on the Survival of Life on Earth, Electronic Book Publisher, March 2017

Moran et al. 2022, authored by Moran, Boutt, McKnight, Jenckes, Munk, Corkran, and Kirshen, Relic Groundwater and Prolonged Drought Confound Interpretations of Water Sustainability and Lithium Extraction in Arid Lands, Earth's Future 10, no. 7, Jul 2022

Morris et al. 2019, A manganese hydride molecular sieve for practical hydrogen storage under ambient conditions, Energy & Environmental Science, Issue 5, 2019

Murphy, L. and Elimä, N. 2021, In Broad Daylight - Uyghur Forced Labour in the Solar Supply Chain, Sheffield Hallam University, May 2021

Nahle, Nasif 2009, Cycles of Global Climate Change, Biology Cabinet Journal Online, Jul 2009; referencing C.R. Scotese, Analysis of the Temperature Oscillations in Geological Eras, 2002; W.F. Ruddiman, Earth's Climate: Past and Future, New York, NY: W.H. Freeman and Co., 2001; Mark Pagani et al., "Marked Decline in Atmospheric Carbon Dioxide Concentrations during the Paleocene", Science 309, no. 5734 (2005): 600-603.

NASA 2019, NASA Earth Observatory 2019, Online 2021

NDR3 2020, Nord Deutscher Rundfunk - Extra 3, Ein Gaskraftwerk in Frührente, Mar 2019

Netzfrequenz.info, Aktuelle Anzeige der Netzfrequenz in Deutschland mit Skala über den maximal möglichen Frequenzbereich und Erklärungen, Sep 2022

Nguyen et al. 2021a, Long-Term Quantification and Characterisation of Wind Farm Noise Amplitude Modulation, Measurement 182(Sep 2021): 109678

Nguyen et al. 2021b, Benchmark Characterisation and Automated Detection of Wind Farm Noise Amplitude Modulation, Applied Acoustics 183 (Dec 2021): 108286

Nordhaus, Ted 2018, Projections and Uncertainties about Climate Change, American Economic Journal, Vol. 10, No. 3

NU 2020, Northwestern University, Gas storage method could help next-generation clean energy vehicles

NYISO 2022, Empire Center for Public Policy. NYISO: New York Electric Grid Remains at Risk, Jun 2022

OECD NEA (2018), The Full Costs of Electricity Provision, OECD Publishing, Paris

OurWorldInData 2020, Energy Mix, Nov 2020

OurWorldInData 2021, World Population Growth, Our World in Data based on HYDE, UN, and UN Population Division(2019 Revision)

Pielke, R. and Ritchie, J. 2021a, How Climate Scenarios Lost Touch With Reality, Jul 2021

Pielke, R. and Richie, J. 2021b, Distorting the View of Our Climate Future, Energy Res. & Social Sc. 72: 101890

Pielke, Roger 2022, Global Decarbonization: How Are We Doing, Substack newsletter, The Honest Broker by Roger Pielke Jr.(blog), July 2022

Pitt, Charles H. and Wadsworth, Milton, E. 1981, Current Energy Requirements in the Copper Producing Industries, JOM 33, no. 6 (1981): 25-34

Polimeni et al. 2015, The Myth of Resource Efficiency: The Jevons Paradox, Book ISBN 978-1-138-42297-1

Prieto, P. and Hall, C. 2013, Introduction: Solar Energy and Human Civilization, New York, NY, Springer, Book ISBN 978-1-4419-9437-0

pv-education 2020, refining silicon, accessed 4 Oct 2020, and Bine Information Services, accessed 4 Sep 2020 pv-Magazine 2022, pv-magazine International, World Has Installed 1TW of Solar Capacity, Mar 2022

Rankin, John 2012, Energy Use in Metal Production, High Temperature Processing Symposium, Swinburne University of Technology, 2012

REN21 2021, Renewables Global Status Report,

Reuters 2022a, authored by Chestney, Nina, and Vera Eckert, Analysis: Running Short of Gas: Russia's Pipeline Repair Has Europe Worried, Reuters, 24 Jun 2022, sec. Energy

Reuters 2022b, by Paul Sonali, Australia's Eastern States Face Blackout Risk from 2025, Reuters, April 2022, sec. Asia Pacific

Roos, W. and Vahl, C. 2021, Infraschall aus technischen Anlagen - ASU, Jul 2021

Ruhnau, O. and Qvist, S. 2022, Storage Requirements in 100% Ren. Elec. System: Extreme Events and Inter-Annual Variability, Environmental Research Letters 17, no. 4, Mar 2022

Smith, W. and Schernikau, L. 2022, An introduction to wind and wind turbines, unpublished draft paper, Apr 2022

SA IRP 2019, South Africa Integrated Resource Plan 2019, Oct 2019

Sanicola, Laura 2022a, reported on Reuters, Global Refiners Falter in Efforts to Keep up with Demand, May 2022, sec. Commodities

Sanicola, Laura 2022b, reported on Reuters, Reuters: Explainer: Why is there a worldwide oil-refining crunch?, June 2022, sec. Commodities

Schernikau, L. and Smith, W. 2021, Solar in Spain to Power Germany, SSRN Electronic Journal, Apr 2021

Schernikau, L. and Smith, W. 2022, Climate impacts of fossil fuels in today's electricity systems, SAIMM Vol. 122, No. 3, Mar 2022(SSRN and YouTube).

Schernikau et al. 2022, Full cost of electricity 'FCOE' and energy returns 'eROI',

Journal of Management and Sustainability, Canadian Center of Science and Education, Apr 2022

ScienceDirect 2011, ScienceDirect, Turbidite, Deep-Sea Sediments.

Smil, Vaclav 2016, Energy Transitions: Global and National Perspectives

Smil, Vaclav 2017, Energy and Civilization: A History, Book ISBN 0262035774

Smil, Vaclav 2022, How the World Really Works: The Science Behind How We Got Here and Where We're Going, Viking, Book ISBN 978-0-593-29706-3

S&P 2021, S&P Platts, Coal Trader International, 29 Dec 2021.

Soon et al. 2015, Re-evaluating the role of solar variability on Northern Hemisphere temperature trends, Earth-Science Reviews 150, 409-52

Stein, Ronald 2022, Cfact, Energy Shortages and Inflation the New Norm as Refinery Closures Outpace Construction, June 2022

Supekar, S. and Skerlos, S. 2015, Reassessing the Efficiency Penalty from Carbon Capture in Coal-Fired Power Plants, Environmental Science & Technology 49

Toke 2021, Options for energy storage, 100% Renewable UK, Oct 2021

Tramosljika et al. 2021, Advanced Ultra-Supercritical Coal-Fired Power Plant with Post-Combustion Carbon Capture, Sustainability 12(2), 801

UN-COP26 2021, UN Climate Change Conference (COP26), Glasgow 2021, Global Coal to Clean Power Transition Statement, Nov 2021

University of Texas 2018, Full Cost of Electricity, Energy Institute, The University of Texas at Austin, April 2018

Vinther at al. 2009, Holocene thinning of the Greenland ice sheet, Nature 461, Sep 2009.

Voosen 2021, IPCC Confronts Implausibly Hot Forecasts of Future Warming, Science, AAAS, Jul 2021

Watter, Holger 2021, Wasserstoff aus Wind

WEF 2019, World Economic Forum 2019, video on vegetation cover

WEF 2020, World Economic Forum, Charts on global energy supply, Sep 2020

Weissbach et al. 2013, Energy intensities, EROIs, and energy payback, Energy 52, p.210-221

Wijngaarden, W. A. and Happer, W. 2020, Dependence of Earth's Thermal Radiation on Five Most Abundant GHGs, arXiv:2006.03098[physics]

Willuhn, Marian 2022, pv-magazine, Satellite Cyber Attack Paralyzes 11 GW of German Wind Turbines

WMO 2021, World Meterological Organization, Greenhouse gases

Wolf, Bodo 2021, Der Beitrag der Menschen zur Erwärmung der Biosphäre sind nicht Kohlendioxid, sondern Wärmeemissionen, Dec 2021.

WoodMackenzie 2022, No Pain, No Gain - the Economic Consequences of Accelerating the Energy Transition, Jan 2022

WU Vienna 2020, Material flows by material group, 1970-2017. Visualization based upon the UN IRP Global Material Flows Database, Vienna University of Economics and Business

Zalk, J. and Behrens, P. 2018, The Spatial Extent of Renewable and Non-Renewable Power Generation, Energy Policy 123

Zhu et al. 2016, Greening of the Earth and Its Drivers, Nature Climate Change 6, no. 8 (August 2016): 791-95

Paul, Sonali 2022, World's First Hydrogen Tanker to Ship Test Cargo to Japan from Australia, Reuters, Jan 2022, sec. Environment

그림 목록

그림 1: 6억 년에 걸친 지구 기후 변화의 역사

출처: 나흘(Nahle 2009) 보고서에 기반한 무어(Moore 2017) 자료.

그림 2: 상위 10개국의 전기 발전 현황

그림 3: 글로벌 1차 에너지 및 전기 에너지의 비교

그림 4: 석탄에 대한 투자는 태양광과 풍력에 대한 투자의 절반 이하인 반면, 석탄은 4배나 많은 에너지를 생산한다.

출처: 국제에너지기구 및 BNEF 데이터 기반의 쉐르니카우 연구 및 분석; 국제에너지기구 세계 에너지 투자 2020

그림 5: S&P 글로벌 1200 에너지기업의 화석 연료 자본 지출 현황

출처: BP, Bloomberg, IEA, JPM 분석에 기반한 JP Morgan 2022, p.6

그림 6: 에너지 전환에 대한 글로벌 투자

출처: BNEF 2022: 에너지 전환 투자 동향

그림 7: 독일의 전력 설비 용량, 전기 생산 및 1차 에너지

출처: 프라운호프 등(Fraunhofer 2022, AGE 2021, Agora 2022)의 보고서에 기반한 쉐르니카우 연구 및 분석.

그림 8: 다양한 가변적 '재생' 에너지의 단점 요약

출처: 쉐르니카우 연구 및 분석.

그림 9: 유럽, 아프리카, 아시아의 전 세계 풍력 및 태양광 지도

그림 10: 바람 소강기 동안 독일의 풍력 발전량

출처: 세계 바람 지도(Global Wind Atlas 2022, 100m 고도의 선정된 지역의 최대 풍속량의 10%로 평균 전력 밀도 설정), 세계 태양광 지도(Global Solar Atlas 2022, 직사 일사량).

그림 11: 풍력과 태양광의 기술적 진보의 물리적 한계의 법칙

출처: 쉐르니카우(쉐르니카우 및 스미스)의 연구 및 분석

그림 12: '넷-제로'에 불충분한 미국 송전 그리드의 성장

출처: JP Morgan 2022, p.12.

그림 13: 미에서 보고된 계절별 전기 교란

출처: 에너지부 및 JPM 분석에 기초한 모건 보고서 (JP Morgan 2022, p.11)

그림 14: 수력 에너지 출력의 높은 상관관계

출처: Statista와 EIA를 기반으로 한 스미스(스미스와 쉐르니카우) 자료

그림 15: 에너지 밀도 비교: 배터리 대 석탄

출처: 쉐르니카우의 연구 및 분석.

그림 16: 수소, 가솔린 및 천연가스의 체적 에너지 밀도

출처: Bossel Eliasson 2006, Bossel 2009, Wikipedia의 에너지 밀도에 관한 내용

그림 17: 2022년에 최초의 호주 액화 H_2 캐리어(운송선) 도착

출처: Paul 2022

그림 18: 수소 전기 분해 및 메탄화

출처: 와트 교수(Watter 2021)에 근거한 쉐르니카우 예시

그림 19: 1970년부터 2017년까지 전 세계 생물성 재배 및 채굴된 광물질

출처: WU Vienna 2020, UN 2019보고서를 기반으로 한 쉐르니카우의 예시

그림 20: 특정 건설 및 소비재의 내재 에너지

출처: 케임브리지 연구원 Allwood 및 Cullen 의『Sustainable Materials without the Hot Air 2015』기반의 쉐르니카우 예시; worldsteel.org, statista.com, international-aluminium.org에 근거한 2022년 연간 생산량; Rankin 2012 and Pitt and Wadsworth 1981에서 추정한 구리의 내재 에너지

그림 21: 상위 3대 생산국의 특정 광물 및 화석 연료 생산점유율

출처: 청정 에너지로 전환에서 중요한 광물의 역할(IEA 광물 2021, p.13)

그림 22: 1TW 전력 생산당 모재 투입량

출처: DOE 2015 도표10.4, p.390에서 채택

그림 23: '재생 에너지' 기술에 소요되는 광물 요구량 비교

출처: 청정 에너지로의 전환에서 핵심 광물의 역할(IEA 광물 2021, p.6)

그림 24: 시나리오에 따라 크게 증가하는 '청정' 에너지 기술에 대한 광물 수요

출처: 청정 에너지 전환에서 주요 광물의 역할(IEA 광물 2021 보고서, p.9)

그림 25: 열 펌프의 물리학

출처: 조지아 주립 대학교(GSU 2021)

그림 26: 기온 하락과 열 펌프 성능 감소.

출처: JPMAM 2021 기반으로 한 JP Morgan 2022, p.23 자료

그림 27: 간헐적 태양광 및 풍력과 즉시 전력 수급이 가능한 가스 및 석탄

출처: IEA WEO 2022, p.37

그림 28: 기존 사회에서의 전체 전기 비용(FCOE) - 전체 그림

출처: 쉐르니카우의 연구 및 분석

그림 29: 선진 사회는 높은 순 에너지 효율성(eROI)이 요구된다.

출처: Prieto 및 Hall 2013년 참조

그림 30: 순 에너지 효율성(eROI) 및 재료 효율성의 개념 예시

출처: 쉐르니카우의 연구 및 분석

그림 31: 석탄과 태양광을 비교하기 위해 제안 된 순 에너지 효율성(eROI) 연구의 예

출처: Michaux 2021을 기반으로 한 쉐르니카우 연구 및 분석

그림 32: 닫힌 시스템의 열역학 제1법칙과 제2법칙

출처: 쉐르니카우의 그림

그림 33: 중국의 현재 및 미래 에너지 안보

출처: IEA 2022 기준

그림 34: 2050년경 풍력/태양광 (설비) 용량은 현재 총 용량의 거의 4배가 될 것으로 예측

출처: 국제재생에너지기구(IRENA 2021) 및 보스턴컨설팅그룹(BCG 2021b) 자료에 기반한 쉐르니카우 연구 및 분석.

그림 35: 1750년부터 2050년까지 세계 1차 에너지

출처: 대이빗 휴지(J. David Hughes)가 수집한 데이터를 기반으로 한 쉐르니카우 연구 및 분석.

1965년 이후 데이터는 BP의 'Statistical Review of World Energy'에서. 1965년 이전 데이터는 Arnulf Grubler.

1998년의 'Technology and Global Change: Data Appendix'와 World Energy Council 2013년의 'World Energy Scenarios. Composing energy futures to 2050'에서.

그림 36: 도시 열섬 효과 - NASA의 'ECOSTRESS'

출처: JPL-Caltech 기반의 NASA

그림 37: '탄소 배출이 없는' 에너지원을 통한 전 세계 1차 에너지. 1965~2100

출처: BP 2022 기준 Pielke 2022.

그림 38: 총 가계 수입 대비 에너지에 지출되는 가계 수입

출처: Eschenbach 2017.

그림 39: 에너지 시스템의 환경적 영향

출처: 쉐르니카우의 예시.

그림 40: 가변적 '재생' 에너지는 에너지 정책의 목표를 달성하지 못한다.

출처: 쉐르니카우 일러스트레이션.

그림 41: 지속 가능한 에너지 정책과 신에너지 혁명

출처: 쉐르니카우 일러스트레이션.

그림42: C-H_2-O_2 열역학 시스템에서의 연료; 탄수화물에서 석탄, 메탄, 액화 탄화수소로의 변환

출처: Wolf 2021

그림 43: C-H-O-N 열역학 시스템

출처: Wolf 2021

그림 44: 에너지 단위 환산

에너지의 불편한 미래: 문명의 혈관 전기

초판 1쇄 발행일 2023년 9월 25일
지은이 라스 쉐르니카우·윌리엄 헤이든 스미스
옮긴이 허중수
펴낸이 박영희
편　집 조은별
디자인 김수현
마케팅 김유미
인쇄·제본 AP프린팅
펴낸곳 도서출판 어문학사
서울특별시 도봉구 해등로 357 나너울카운티 1층
대표전화: 02-998-0094 / 편집부1: 02-998-2267, 편집부2: 02-998-2269
홈페이지: www.amhbook.com
인스타그램: amhbook
페이스북: www.facebook.com/amhbook
블로그: 네이버 http://blog.naver.com/amhbook
e-mail: am@amhbook.com
등록: 2004년 7월 26일 제2009-2호

ISBN 979-11-6905-020-3
정가 16,000원